“十二五”国家重点图书出版规划项目

中国企业行为治理研究丛书

转型升级卷

我国制造企业环保技术创新研究
——政府和市场协同驱动

陈力田 著

浙江工商大学出版社
ZHEJIANG GONGSHANG UNIVERSITY PRESS

图书在版编目(CIP)数据

我国制造企业环保技术创新研究：政府和市场协同驱动 / 陈力田著. —杭州：浙江工商大学出版社，2016.12
(中国企业行为治理研究丛书)
ISBN 978-7-5178-1964-6

Ⅰ. ①我… Ⅱ. ①陈… Ⅲ. ①制造工业－工业企业－企业环境保护－技术革新－研究－中国 Ⅳ. ①X322.2

中国版本图书馆 CIP 数据核字(2016)第 304141 号

我国制造企业环保技术创新研究
——政府和市场协同驱动
陈力田 著

责任编辑 谭娟娟 汪 浩
封面设计 林朦朦
责任印制 包建辉
出版发行 浙江工商大学出版社
(杭州市教工路 198 号 邮政编码 310012)
(E-mail:zjgsupress@163.com)
(网址:http://www.zjgsupress.com)
电话:0571－88904980,88831806(传真)
排　　版 虎彩印艺股份有限公司
印　　刷 杭州五象印务有限公司
开　　本 710mm×1000mm 1/16
印　　张 12.5
字　　数 200 千
版 印 次 2016 年 12 月第 1 版 2016 年 12 月第 1 次印刷
书　　号 ISBN 978-7-5178-1964-6
定　　价 35.00 元

浙江工商大学出版社营销部邮购电话 0571－88904970

本专著是以下项目资助成果：

◎国家自然科学基金青年项目"战略构想、知识搜寻与双元导向下企业技术创新能力演进：基于适应性演进和协同视角"（编号71502165）

◎教育部人文社会科学研究基金项目"政府和市场协同驱动我国制造企业环保技术创新能力提升机制研究"（编号14YJC630012）

◎浙江省自然科学基金项目"战略构想、知识搜寻与企业自主创新能力演进研究：基于适应性演进和协同视角"（编号LQ14G020006）

◎浙江省高校重大人文社科项目"浙江省制造企业环保技术创新能力提升机制研究：政府和市场协同驱动"（编号2013QN076）

◎浙江省社科规划之江青年课题"政府和市场协同驱动制造企业环保技术创新能力提升机制研究：以浙江省为例"（编号16ZJQN035YB）

总　序

企业是社会发展的产物，随着社会分工的开展而成长壮大。作为现代经济中的基本单位，企业行为既是微观经济的产物，又是宏观调控的结果。就某种意义而言，企业行为模式可被看成整个经济体制模式的标志。

从社会学的研究来看，人类社会就是一部社会变迁的进步史，社会变迁是一个缓慢的过程，而转型就是社会变迁当中的"惊险一跳"，意味着从原有的发展轨道进入新的发展轨道。三十多年来，我们国家对外开放、对内改革，实质上就是一个社会转型的过程。这一时期，从经济主体的构成到整个经济社会的制度环境都发生了巨大变迁，而国际环境也经历着过山车般的大起大落。"十一五"末期国际金融海啸来袭，经济急速下滑，市场激烈震荡，其对中国经济、中国企业的影响至今犹存。因此，国家将"十二五"的基调定为社会转型。这无疑给管理学的研究提供了异常丰富的素材，同时也给管理学研究者平添了十足的压力。

作为承载管理学教学和科研任务的高校，如何在变革的时代有效地发挥自身的价值，以知识和人才为途径，传递学者对时代呼唤的响应，是一个非常值得思考的论题。这个论题关系到如何把握新经济环境下企业行为的规律，联系产业特征、地域特点，立足当下，着眼未来，为企业运营、政府决策提供有力的支持。

在国际化竞争和较量的进程中，中国经济逐渐显现出一种新观念、新技术和新体制相结合的经济转型模式。这种经济转型模式不仅是中国现代经济增长的主要动力，而且将改变人们的生产方式和生活方式，企业则是这一过程的参与者、推动者和促成者。因此，企业首先成为我们管理学研究者最为关注的焦点。在经济社会重大转型这一背景之下，一方面由于企业内部某种机理的紊乱，以及转轨时期企业目标的交叉连环性和多元性;另一方面由于外部环境的不合理作用,所以企业行为纷繁复杂,既有能对经济社会产生强劲推动作用的长远眼光,也存在破坏经济社会可持续发展的短视行为。随着经济和社会的进步,企业不仅要对营利负责,还要对环境负责,并需要承担相应的社会责任。总体而言,中国企业在发展中面临许多新问题、新矛盾,部分企业还出现生产经营困难,这些都是转型升级过程中必然出现的现象。

"转型"大师拉里·博西迪和拉姆·查兰曾言:"到了彻底改变企业思维的时候了,要么转型,要么破产。"企业是否主动预见未来,实行战略转型,分析、预见和控制转型风险,对于转型能否成功至关重要。如果一个企业想在它的领域中有效地发挥作用,行为治理会涉及该企业将面临的更多问题;而如果企业想要达到长期目标,行为治理可以为其提供总体方向上的建议。在管理学研究领域,行为治理虽然是一个全新的概念,却提供了一个在新经济环境下基于宏观、中观、微观全视角来研究企业行为的良好开端。

现代公司制度特指市场经济中的企业法人制度,其特点是企业的资产所有权与资产控制权、经营决策权、经济活动的组织管理权相分离。于公司治理而言,其治理结构、方式等的选择和演化不仅受到自身条件的约束,同时还受到政治、经济、法律和文化等外部制度环境的影响。根据North(1990)的研究,相互依赖的制度会构成制度结构或制度矩阵,这些制度结构具有网络外部性,并产生大量的递增报酬。这使得任何想改善公司治理的努力都会受到其他制度的约束,使得公司治理产生路径依赖。在这种情况下,要想打破路径依赖,优化治理结构,从制度设计角度出发进行行为治理,便是一个很好的思路。

此外,党的十八届四中全会提出"实现立法和改革决策相衔接,做到重大改革于法有据,立法主动适应改革和经济社会发展需要"的精神,而《中华人民共和国促进科技成果转化法修正案(草案)》的通过,则使促进科技创新的制度红利得到依法释放。我国"十二五"科学和技术发展规划中明确指出,要把科研攻关与市场开放紧密结合,推动技术与资本等要素的结合,引导资本市场和社会投资更加重视投向科技成果转化和产业化。新时期科技创新始于技术,成于资本,以产业发展为导向的科技创新需要科技资源、企业资源与金融资源的有机结合。因此如何通过有效的企业行为治理，将各方资源进行有效整合，则成为促进科学技术向第一生产力转化所面临的新命题。

由上述分析可以发现，无论是从制度、科技、创新角度，还是从公司治理、企业转型角度出发，企业的目标都是可持续的生存和发展，而战略则成为企业实现这一目标的有效途径。战略强调企业与环境的互动，如何通过把握新时期、新环境来制定和执行有效的战略决策以获取竞争优势，则成为企业在新经济环境下应担起的艰巨任务。另外，企业制定发展战略的同时应当寻找能为企业和社会创造共享价值的机会，包括价值链上的创新和竞争环境的投资，即做到企业社会责任支持企业目标。履行战略型企业的社会责任不只是做一个良好的企业公民，也不只是减轻价值链活动所造成的不利社会影响，而是要推出一些能产生显著而独特的社会效益和企业效益的重大举措。

浙江工商大学工商管理学院（简称“管理学院”）是浙江工商大学历史最长、规模较大的一所学院。其前身是 1978 年成立的企业管理系，2001 年改设工商管理学院。学院拥有工商管理博士后流动站和工商管理一级学科博士点，其学科基础主要是企业管理，该学科 1996 年成为原国内贸易部重点学科，1999 年后一直是浙江省重点学科，2006 年被评为浙江省高校人文社科重点研究基地，2012 年升级为工商管理一级学科人文社科重点研究基地。该研究基地始终围绕“组织、战略、创新”三个最具企业发展特征的领域加以研究，形成了较为丰硕的成果。本套丛书正是其中的代表。

经过多年的理论研究和实践尝试，我们认为中国企业经历了改革开放后三十多年的高速发展，已然形成了自身的行为体系和价值系统，但是在国际环境复杂多变及国内改革步入全面深化攻坚阶段的特殊历史背景下，如何形成系统的行为治理框架将直接决定中国企业可持续发展能力的塑造及核心竞争力的形成。

本套丛书以中国企业行为治理机制为核心，分“公司治理卷”“转型升级卷”“组织伦理卷”“战略联盟卷”“社会责任卷”“领导行为卷”“运营管理卷”七卷，从各个视角详细阐述中国企业行为治理的理论前沿及现实问题，首次对中国企业行为治理的发展做了全面、客观的梳理。丛书内容涵盖了中国企业行为的主要领域，其中涉及战略、组织、人力、创新、国际化、转型升级等宏观、中观、微观层次，系统完备；所有分卷都是所属学科的最前沿研究主题，反映了国内外最新的发展动态；所有分卷的作者均具有博士学位，是名副其实的博士文集，其中就包括该领域国内外知名的专家和学者；所有分卷的内容都是国家自然科学基金、国家社科基金及教育部基金的资助项目，体现了较强的权威性，符合国家科研发展方向。

本套丛书既是我们对中国企业行为治理领域相关成果的总结，也是对该领域未来发展方向探索的一次尝试。如果本套丛书能为国内外相关领域理论研究与实践探索的专家和学者提供一些基础性、建设性的意见和建议，就是我们最大的收获。

“谦逊而执着，谦恭而无畏”，既是第五级管理者的特质，也是我们从事学术研究的座右铭。愿中国企业行为治理研究能够真正实现“顶天立地、福泽万民”！

郝云宏

浙江工商大学工商管理学院院长 教授 博导

2014 年 11 月 15 日于钱塘江畔

前言

平衡环境与经济发展之间的矛盾，是实施可持续发展战略的关键。2013年12月我国遭遇了此前有PM2.5记录以来最严重的一次大范围、长时间的区域雾霾。目前，我国制造企业的发展方式仍以“高投入、高能耗、高污染”为主要特征，旨在节能、降耗、降低污染的环保技术创新成为我国制造业进行结构调整和战略转型的重要方向。为了预防“政府失灵”和“市场失灵”现象发生于制造企业环保技术创新领域，政府干预需要和市场需求形成协同的关系。因此，研究政府和市场如何协同驱动我国制造企业环保技术创新，有助于从源头上解决我国制造业结构调整的问题，具有很强的实际应用价值。而现有制造企业环保技术创新的研究多是基于制度理论、管理认知理论等源于西方的理论视角，在理论和抽象意义上阐述制造企业环保技术创新的驱动因素和发展机理，缺乏扎根我国情境的研究。然而，由于体制机制、资源基础、文化价值观等原因，我国制造企业所处的环保转型情境具有鲜明特色：发展中国家市场敏感的价格需求和政府法规的环保规制需求之间存在矛盾、企业资源有限和环保高投入之间存在矛盾、强调趋利的利己商业逻辑和强调环境伦理的利他商业逻辑之间存在矛盾。我国企业进行制造企业环保技术创新，需要考虑加强对上述多样化情境特征的针对性。针对这些特征，制造企业环保技术创新过程面临的问题及问题解决机理的同质性和异质性有待深入研究。

首先，我国复杂制度环境这一外部特征对制造企业环保技术创新的影响有待深入研究。我国转型情境所特有的大规模宏观政策制度变革和复杂快速的市场环境变化导致影响企业环保技术创新行为的主体多样性。发展中国家市场敏感的价格需求和政府法规的环保规制需求之间的矛盾引发了来自不同主体的异质制度压力。多重制度压力产生的来源和过程,以及企业响应复杂制度环境进行环保技术创新的机理有待深入研究。

其次,我国制造企业资源基础普遍缺乏,这一内部特征约束了企业可用资源,企业应该如何改变资源配置方式来实现环保技术创新有待深入研究。环保行为所需的较大资源投入,使得我国资源有限的制造企业对其望而生畏。企业资源有限和环保高投入之间的矛盾,是横跨在企业意愿和行为之间的鸿沟。研究我国制造企业成功破解资源有限问题的机制,有助于解决资源缺乏企业面临环境规制时的知易行难问题,促发其达到知行合一的境界。

最后,我国特有的文化价值特征塑造的高管思维模式,对企业环保技术创新产生着特殊的影响。中国传统文化中相融合的道德人、自利人和自然人假设强调了人性的复杂。制造企业的环保行为是企业战略高度的行为,被企业高管直接干预。因此,高管的利己逻辑和利他逻辑会直接影响企业的战略决策。强调趋利的利己商业逻辑和强调环境伦理的利他商业逻辑看似矛盾,实则相融。面临环保转型,制造企业如何均衡和权衡相矛盾的商业逻辑进行环保技术创新,有待进一步研究。

基于"刺激→响应→机理"逻辑,本书针对我国的制度、资源和文化特征,采用文献分析、探索性案例研究和数理实证研究相结合的方法,对以下问题进行了研究:政府和市场协同驱动多重制度压力形成的过程,多重制度压力对资源缺乏企业的作用机理,秉承混合商业逻辑的制造企业对多重制度压力的响应策略。

PREFACE

The key to implementing the strategy of sustainable development is to balance environmental protection and economic development. In December 2013, the most serious regional smog struck China, which had broken the PM 2.5 record with its long duration and large scale. At that moment, Chinese manufacturers were still mainly featured with "high input, high energy consumption and high pollution" for development. Environmental technology innovation which can save energy, reduce consumption and pollution has become the goal for the Chinese manufacturing industry to adjust its structure and reform its strategy. To prevent "government failure" and "market failure" appearing in the innovation of environmental protection technologies, government intervention and market demand are expected to coordinate with each other. Therefore, it will be helpful to tackle the problems existing in the structure adjustment by researching how the government and the market can cooperate to drive the manufacturers to innovate environmental protection technologies, which is of great practical value. While the innovation researches of environmental protection technologies of the current manufacturers are mostly based on Western perspectives, including the institution theory and the manager cognition theory, which illuminates the driving factors and development mechanism of innovation from theoretical aspects, but lacks the researches regarding China's situation. However, as to the innovation, Chinese manufacturers have their own characteristics since they possess specific institutional mechanism, resources and cultural values: as a developing country, there exists a contradiction between China's regulations on environmental protection and the sensitive price demands of the market; the high input of environmental protection is contradictory with the limited resources of manufacturers; the profit-oriented commercial logic is contradictory with the environment-oriented commercial logic which is altruistic. It is necessary for Chinese manufacturers to focus on the various situations above to innovate environmental protection technologies. Considering the situations, the problems which arise in the process of innovation and the homogeneity and heterogeneity of solving these problems are to be studied further.

First, the influence of the complex institutional situation of China as an external factor on the environmentnal technology innovation of Chinese manufacturers is expected to be further studied. Being in the period of transformation, China's special macro-policy institution reform and the complex and fast changes of the market lead to the various subjects affecting the innovation. The sensitive price demands of a developing country are against the environmental protection regulations made by the government, causing the heterogeneous institutional pressure from different subjects. The sources and processes of multi-institutional pressures as well as the mechanism taken by the manufacturers to respond to the complex institution to innovate environmental protection technologies are all to be studied more profoundly.

Second, the Chinese manufacturers commonly lack the foundation of resources, such inner characteristic has restrained their available resources. How the manufacturers can change the method to allocate resources to achieve the environmental technology innovation is to be studied further. Environmental protection requires much resource investment, which quails some manufacturers due to the limited resources. The high investment is contradictory with the limited resources, forming the gap between the wish of manufacturers and their action. Studying the mechanism of tackling the resource limitation can be useful for the manufacturers lacking in resources to reach the state of the unity of knowledge and practice when they face the regulations on environmental protection. Last, environmental technology innovaton has been influenced in a particular way by the high executive thinking model created in the Chinese special cultural values. The hypothesis combining the "moral man, selfish man and natural man" in traditional Chinese culture emphasizes the complexity of human nature. For a manufacturer, the action of environmental protection is an action at the strategic level, which will be intervened by its high executive. Therefore, the selfish logic and altruistic logic of a high executive will directly affect the strategies and decisions of a manufacturer. The profit-oriented selfish commercial logic and the environment-oriented altruistic commercial logic seem contradictory, but in practice, they can be coordinated. Facing the transformation of environmental protection, how the manufacturers balance the incompatible commercial logics to innovate the technologies is to be studied further.

Based on the logic of "stimulus′response′mechanism" and focusing on the Chinese institutions, resources and cultural characteristics, this book takes a method that combines literature analysis, exploratory case study and mathematical demonstration to research the following matters: the forming process of multi-institutional pressures of the government and market′s cooperative drives, the mechanism caused by multi-institutional pressures to the resource-limited manufacturers, and the responsive strategies from the manufacturers with hybrid commercial logics to multi-institutional pressures.

目录

Contents

图目录

Figure Contents

表目录

Table Contents

第1章　我国制造企业环保技术创新：困境和机遇

1.1　我国制造企业环保转型扎根的现实情境

1.1.1　环境与经济之间关系的转变

在改革开放这一伟大国策引导下，我国经济在30多年中呈现高速增长态势。经济的快速发展，使得我国在世界舞台上逐渐拥有举足轻重的地位。在此过程中，日益显著的环境问题也逐渐受到各界重视。伴随着经济和环境之间的关系向更融洽的方向发展，一种更健康、稳定、可持续的经济发展方式正逐渐形成。

在新中国成立初期，经济基础落后是社会需要解决的核心问题，整个社会开始意识到财富的重要性。大力发展经济可以使我国的综合国力得以提升，并在世界上占有一席之地。因此，在当时严峻的经济形势下，如何快速恢复经济成为政策的重点。计划经济体制是符合当时特定社会历史条件的。在计划经济时代，资源、生产、消费等皆由政府计划安排，可避免市场经济带来的不确定性及“市场失灵”现象。为了改善民生，我国经由互助组、生产合作社最后走向人民公社，坚持在不断促进粮食生产的同时，促进农林牧渔各业共同发展，从而提高经济收入。此外，为了缩小农村和城市的发展差距，实行工业公社化，从而实现劳动力的转移，促进农村经济的发展，实现共同富裕。随着第一个五年计划的完成，我国的工业化进程往前迈进了一大步。但此时，社会所提供的物质和文化仍远远不能满足人们精神和物质的双重需要。因此，国家政策开始集中力量发展生产力，并且进行大规模的经济建设，以此来满足人们日益增长的物质文化需求。在此制度引导下，十一届三中全会提出了改革开放的重要政策，重点强调了经济和现代化建设，明确指出了经济建设的重要性及地位，从此我国步入了经济高速发展的全新阶段。

随着经济的快速发展，我国政府提出了“坚持以人为本，树立全面、协调、可持续的发展观”，要求统筹社会与经济和谐发展，统筹人与自然和谐发展。经济和环境之间的关系，正在发生新的变化。我国部分制造企业的传统生产方式具有“三高”特点，即“高排放、高消耗、高投入”。改变这种已有的低效和过度使用资源的生产方式，将有助于解决经济与环境之间的矛盾。（张玉林，2010）2013 年，《中共中央关于全面深化改革若干重大问题的决定》由中国共产党第十八届中央委员会第三次全体会议审议通过。决定中明确指出：“全面深化改革的总目标是完善和发展中国特色社会主义制度，推进国家治理体系和治理能力现代化。”我国对经济、政治、文化、社会和生态文明体制改革开始进入全面部署阶段。从“四位一体”到“五位一体”的拓展中，生态文明建设占据了重要地位。习近平总书记提出了“绿水青山就是金山银山”的科学论断，表明了我国坚定不移推进绿色发展，谋求更佳质量效益的决心。因此，协调发展，是经济和环境之间关系的未来趋势。不以环境为代价来谋求经济发展是一种长远的战略，有助于可持续发展。在这个过程中，传统的技术需要进行革新，以适应环境的发展。通过环保新技术的介入，企业可以以一种环境友好的方式进行生产，从而促进经济和环境的协调发展。

目前，我国提出了全面落实经济、政治、文化、社会、生态文明建设“五位一体”的总布局，人才强国、科教兴国等相关战略。2014 年，习近平总书记在 APEC 会议上指出了新常态下我国经济增长的机遇。我国经济与环境的关系已经发生了变化，绿色 GDP、可持续发展及协同发展正被倡导，保护环境的意愿正不断增强，经济和环境相互促进、良性互动的增长方式正逐步被探索。

1.1.2 政府和市场之间关系的转变

在我国发展初期，计划经济道路发挥着重要的积极作用。这种政府对资源、生产等方面具有分配权的经济发展道路符合当时的国情。但是行政的过多干预往往会对企业自主权造成一定影响，影响企业成为环保技术创新投资、利益分配的主体，从长远来看它会降低企业环保技术创新活力和积极主动性。这容易造成环保技术创新领域的“政府失灵”现象。有学者通过对化学行业的大规模调查研究发现：政府环境法规对企业环保技术创新有显著的负向影响；若企业直接面向市场，对客户的环保需求动向会比政府更加清楚，反应更加及时。（李怡娜等，2011）

随着我国经济的发展及国际政治经济形势的变化，我国对计划经济进行了变革。1984年，党的十二届三中全会明确提出社会主义经济是公有制基础上的有计划的商品经济的论断。1992年，党的十四大确立了建立社会主义市场经济体制是中国经济体制改革的目标，这也意味着在经济体制改革目标上全党已达成了一致。至此，我国开始了从计划经济向市场经济的转变过程。但若政府干预过少，受利益导向和行为惯例的影响，企业易产生不利于环保的集体行为，容易造成“市场失灵”现象。因此，为预防“政府失灵”和“市场失灵”现象发生于制造企业环保技术创新领域，亟须政府干预和市场需求的协同。

这引发了在资源配置过程中，对政府和市场之间关系的思考。计划经济时代，企业对行政干预的依赖较多；市场经济时代，企业的主动权大大增加。（樊继达，2014）如今，我国政府实施“大众创业，万众创新”，也需要政府和市场之间形成良好的关系，以建立良性的创新机制。我党在十八届三中全会公报中提出市场在资源配置中起决定性作用，即把过去的市场在资源配置中起“基础性作用”改为“决定性作用”，提升了市场在资源配置中的地位。（樊继达，2014）但在这个过程中，政府并非不作为，而是有选择地作为。社会主义市场经济不仅需要“看不见的手”发挥作用，也需要“看得见的手”发挥作用。只有这样，才能更好地促进我国经济的发展。一方面，政府需要相信市场，让市场这只“无形的手”充分发挥其自身的作用。另一方面，政府也需要转换职能，如加强宏观调控，精简机构，加强对市场的监管等，让市场这只“无形的手”发挥出有利于社会公众的作用。政府和市场的关系在不断地改进，而且在不断地朝着好的方向迈进，这对我国经济或者创新的发展都是有积极作用和意义的。

1.1.3 转变下的我国情境:制度、资源与文化

(1)转型经济背景下制度的多样性

转型经济面临着大量的跨层联系,政府和市场相互作用频繁。政府和市场对企业的要求多种多样且相互影响。对企业而言,政府有强制性的法律法规,同时也有激励性的法律法规。强制性的法律法规如:强制企业达到统一规定的标准要求或者明确禁止生产相关产品。在新的《中华人民共和国大气污染防治法》中,其条款比原有的多了一倍,针对当前的形势,加强了对船舶、燃煤、机动车等挥发性有机污染物排放的监管,而且对部门之间进行了明确的分工,要求各司其职,表明各行各业对清洁空气负有的责任和义务,以及政府的高度重视。此外,环保部制定的《环境监测数据弄虚作假行为判定及处理办法》已经编制完毕并发布,于 2016 年 1 月1 日开始实施。新修订的《环境空气质量标准》在国务院常务会议上获通过。在新标准中增加了 PM2.5 平均浓度限值及臭氧 8 小时平均浓度限值,收紧了 PM10 等污染物的浓度限值。有学者研究表明,强制性的与环境保护相关的法律法规对企业进行绿色生产、绿色技术创新等绿色实践活动具有明显的正向影响。激励性的法律法规,则是指给予企业优惠(如补贴、减税等或者采取一些经济手段)。但是有学者通过研究表明,激励性的制度对企业进行技术和生产等实践活动的创新影响并不明显。环保技术创新投资大且投资收回的期限较长,对企业而言风险较大。因此,政府应当将强制性和激励性的法律法规相结合,一方面可以起到强制作用,另一方面又可以起到激励作用。而从市场角度出发,市场规则之一是建立实际有效的价格反应机制,对市场价格的变动做出及时有效的反应。作为发展中国家,我国市场的价格敏感程度较高,这和环保所需的高成本具有一定冲突。但同时,随着民众对环境保护的日益重视,来自市场的环保需求也在逐年增加。因此,在我国情境下,制度具有多样性,企业若要获得可持续的发展,必须要充分考虑来自政府和市场的制度要求。

(2)转型经济背景下资源的缺乏性

转型经济背景的一大特点是大量并且快速变化的商业机会。但是相对于丰富的机会,发展中国家的企业资源很有限。首先,人才资源缺乏。在人才的培养、引进和留用方面,我国和发达国家仍有一定差距。这也是

我国制造业的核心技术大都掌握在发达国家手中的原因之一,我们获得这些技术生产权利的同时,支付的高昂的专利费对经济、科技和环境发展都产生了影响。其次,自然资源匮乏。我国自古以来以地大物博、物产丰富而闻名,但由于人口众多,人均耕地面积低于世界水平。近年来,环境问题也带来了耕地面积的减少。除了土地资源,我国人均水资源只有2 200立方米,未达世界平均水平,名列第121位。我国现实可利用的淡水资源量则更少,人均可利用水资源量约为900立方米,且分布极不均衡,是全球13个人均水资源最贫乏的国家之一。再次,我国制造业中一些大型机械设备(刀具、机床等)和技术资源,与发达国家仍存在技术参数上的差距。而先进的生产设备与技术影响着一个企业的生产能力和生产水平,发达国家的企业凭借其具有的先进设备与技术,以更低的能耗生产出高质量、高规格的产品,实现了经济效益和社会效益的均衡。而我国许多领域的大型仪器设备依赖进口,这进一步拉开了我国产品和发达国家产品之间的距离。综观各方面,我国企业面临着各种资源缺乏的困境。

(3)转型经济背景下文化的冲突性

转型经济背景下,企业需要同时关注环境和经济。由于正向外部性的存在,环保技术创新行为,本质上是企业做出的社会福利行为,对社会公众有益,是从环境角度衍生出来的一种生态福利。生态福利指社会为我们人民生活、工作提供一种好的生存和物质环境,具有物质和精神环境两重性。从文化价值观层面分析,与社会福利行为对应的是社会人假设,与逐利行为对应的是经济人假设。社会人假设强调企业高管应秉承利他精神的商业逻辑。在利他商业逻辑的引发下,企业重视商业伦理。经济人假设强调企业高管以追求利益最大化为最终目的。由此可见,两种文化价值观之间存在着冲突,前者在企业发展过程中重视企业社会责任,重视环境问题;而后者则以商业利益最大化为根本目的。随着社会的不断发展,人们的伦理意识也在不断地增强,会勇于反对那种只注重利益而忽视商业伦理的企业,更愿意去选择具有商业伦理的企业作为其所需产品和服务的提供者。从企业长远发展来看,如何混合两种相冲突的商业逻辑,是企业能否适应未来环境发展的关键。

1.2 我国制造企业环保技术创新面临的三重困境

1.2.1 困境一:市场规范和政府规制的冲突

政府和市场关系的转变带来了市场规范和政府规制的冲突。在发展中国家的市场中,产品价格是企业竞争优势尤为重要的影响因素。通过控制成本实现价格低廉是市场规范的要求,这直接影响到企业的竞争优势。制订定价策略需要考虑消费者对价格的接受能力和对企业成本的补偿。制订合理的价格对企业来说是至关重要的,不能脱离促进销售获取利润这个终极目标。市场需求会影响价格:需求多,供不应求,价格自然上升;供大于求,则价格自然下降。市场的竞争者也会影响企业的价格。但是,始终不变的规律是价值决定价格,价格围绕价值上下波动。通过以上分析可知,企业要想获得利益,必须提高劳动生产率,降低企业产品的个别价值,个别价值与社会价值之间的差价就是企业能够获得的利润。控制成本是制造业、运输业、服务业等各个行业想要长久发展所必须要考虑的问题。企业需要从整体出发来考虑制订控制成本的方案及计划,并且要切实将计划或者方案落实到企业的生产等各个活动中。有学者通过研究表明,规模化经营、合理分工和精准战略有助于成本降低。通过规模化经营能够有效地降低成本,从而使企业获得更多的利润。合理分工,对企业内的人、财、物进行合理的分配和分工,使得员工之间的关系和谐,减少部门之间或者人员之间不必要的摩擦,从而提高企业的工作效率,降低企业的成本,进而增强企业的实力及竞争力。控制成本时采用精准战略是一个非常有效的方法,但是对企业来说要达到是有难度的。这是指企业通过其先进的科学技术在使用企业的资源时既不过量又不少量,达到非常精准。即改变企业原有的粗放型的生产方式,使企业的资源能够得到充分有效的利用,降低企业的成本。所以从市场出发,企业应当采取多种方法控制成本、降低价格。

而政府的宗旨是为人民服务,从公众利益出发,注重社会和经济的可持续发展,所以对企业生产过程中的环境保护提出较高的要求。日益严格的政府环保规制要求企业在追逐经济利益的同时要加强对环境的保护。根据“十三五”(2016—2020 年)规划,我国政府将高度重视绿色发展、循环发展和低碳发展。2015年起实施的《中华人民共和国环境保护法》中指出,企业事业单位和其他生产经营者应当防止、减少环境污染和生态破坏,对所造成的损害依法承担责任。同时,国务院有关部门和省、自治区、直辖市人民政府组织制定经济、技术政策,应当充分考虑对环境的影响,听取有关方面和专家的意见。我国政府为了使企业在生产过程中重视环境,对企业的生产活动进行了限制,被规制的企业必须遵守法律法规及政策的各种规定。遵守这些规定对企业而言,生产成本增加,导致产品价格上升,根据价格原理导致需求减少,进而导致企业在市场上所占的份额下降,最后影响企业的盈利。对很多企业来说,环境保护和增强企业竞争能力两者兼得是一个很难实现的目标,企业面临着目标选择的矛盾。由此可见,政府规制和市场规范具有一定的冲突。

1.2.2 困境二:企业资源缺口和环保高投入要求的冲突

"牺牲环境发展经济→放缓经济保护环境→环境和经济兼顾"这一环境和经济关系的转变过程,带来了企业资源缺口和环保高投入要求的冲突。由上文可知,相比于丰富的机会,我国企业在人、财、物各方面都存在一定的缺乏。但制造企业要进行环保技术,如节能技术、能源资源节约技术、降低温室气体碳排放技术等各种高新技术的研发需要较大的资金及高质量的人才,而且技术研发周期长,企业需要资金、人才、知识基础等各方面实力才能承担这一高风险的项目。此外,企业需要为环保技术创新留存一定的准备金及利息,为负责设备操作及维护的员工准备相应的工资,以及计提设备的折旧费,研发过程中能源和原材料的费用。由上可知,环保需要较高的投入,谁来为企业的环保行为买单呢?以前有政府补贴,政府会提供各种各样的政策直接或者间接地给予补贴。首先是税收优惠政策:根据相关规定和标准,达到条件的企业可以获得相应的税收优惠,这降低了企业的成本。其次,政府对环保、节能及新能源企业的大力支持,给予了这些企业资金上的支持,其中重点支持的有公共平台的建设及高新技术研发等项目。2010年,国家发改委同环境保护部共同发布了《当前国家鼓励发展的环保产业设备(产品)目录》,指出要扶持水污染治理设备、空气污染治理设备、固体废弃物处理设备等环保领域147项产品的发展。具体的扶持政策包括抵免这些行业的企业所得税,对目录中的国产设备实行折旧等。另外，在光伏产业，政府扶持力度一度也很大。国家发改委公布了《关于发挥价格杠杆作用促进光伏产业健康发展的通知》，决定对光伏电站实行分区域标杆上网电价和按发电量进行电价补贴政策。除此之外，在新能源汽车产业，2012 年《节能与新能源汽车产业发展规划》的出台，明确指出国家拟安排拨款 60 亿元支持推广 1.6 升及以下排量的节能汽车的生产和销售，以引导环保产业发展方向。

但是，随着政府与市场关系的转变，从补贴转向企业自身健康发展是行业发展的趋势。企业的环保投入费用更多的是自己承担。企业在环保方面的投资主要集中在环保设施及系统的建立或者改造、清洁生产、污染治理、环保技术的研发与改进、环境相关道德税费的缴纳等方面。大部分的企业都对环保设备、设施及系统等投入了大量的资金进行改造，也有较多企业对治理污染方面进行投资，但是投入的资金比重较低，在缴纳与环境有关的税费上支出较少。更多的情况下，企业需要自己为环保技术创新买单。但是在发展中国家，民营企业缺少资源。并且，我国绝大多数民营企业长期的增长方式是粗放型的，这使得我国民营企业缺乏重视企业内部资源的意识。同时，我国民营企业的资源利用率与发达国家相比要远远落后，这使得企业的资源更加紧缺。我国民营企业的厂房、机器等一般生产要素，以及专利、技术等战略资产，与发达国家相比是严重缺乏的。总体而言，我国民营企业经济发展所需要的资源是缺乏的，因此出现了企业资源缺口和环保高投入之间的矛盾。

1.2.3 困境三：利己和利他主义的冲突

由于社会的不断发展，经济和环境之间的关系悄然发生了变化，之前一味地重视经济的发展，代表着企业一味追求利益时秉承利己主义商业逻辑，即企业在遵守法律法规的前提下创造更多的财富，但是企业不会承担其应该承担的责任，因为这对企业而言是用股东的资金去承担责任，在某种程度上损害了股东的利益。利己主义商业逻辑的最终落脚点在于利润二字。（王海明，2011）中国改革开放 30 多年来，本土企业的发展往往凭借着低成本优势，这不仅引发路径依赖和锁定，还用错误的方向引导企业的经营价值观，以高污染排放降低成本。（魏江等，2014）但是在获取最大化利益的过程中不可避免出现的问题就是损害了社会的整体利益。完全的市场导向逻辑,其底线往往是仅强调诚实守信、公平、自愿的市场规则,并在此基础上制订市场竞争、市场准入等规则,但对环境等问题考虑较少。

而与之相反,当企业意识到环境的重要性,并开始在商业活动中投入资源用于环境保护时,体现了利他主义商业逻辑,即指在企业发展中不仅仅只考虑企业自身的利益,也会考虑社会这个大整体的利益,并且会积极地、主动地承担其在环境保护等过程中应当肩负的责任。利他主义商业逻辑有利于企业长远发展及社会和谐,对人与自然和谐相处具有重要意义。这一逻辑原本是政府职能所确定的逻辑。传统意义上,政府是环境利益的主要维护者,以维护人们的利益为出发点及落脚点。不同的政府部门,根据当地环境的具体情况实事求是地制定相关的政策,从而更好地保护当地的环境。当环境问题触碰到法律法规的底线时,相关政府部门就会严格地执行相关的法律法规,以维护环境。

由此可见,由于早期政府和市场职能的分离,利己和利他主义商业逻辑存在着天然的冲突,企业在进行战略决策时,往往面临着选择的两难困境。

1.3　我国制造企业环保技术创新面临的三大机遇

1.3.1 机遇一:市场规范和政府规制融合的有利条件

首先,在政府政策上,我国环境保护部部长陈吉宁在中国"十三五"规划环境与发展国际咨询会上指出:"十三五"时期,我国的环境保护也面临着许多难得的机遇。一方面,我国政府对生态文明建设和环境保护高度重视,并推行全面深化改革与全面依法治国,为环境保护带来政策和法治红利。另一方面,中国正深入实施创新驱动发展战略,节约资源、保护环境的技术红利将得到充分释放。

其次,媒体也为市场规范和政府规制的融合提供了有利条件。社会大众环保意识的增强,有助于扭转市场"重经济利益轻社会福利"的倾向,将市场规范和政府规制相融合。随着信息技术的发展,社交媒体也经历了较大的变革与发展,许多新兴社交媒体不断地涌现(如微博、微信等)。环保问题及事件通过媒体可以迅速地传播,从而提高人们对环保的认识水平。环保部门或者相关部门可以通过微博或者微信等新兴媒体，发布与环保相关的信息及政策，并且通过媒体来加强对企业污染、危害环境的相关行为进行监督、惩罚的力度。此外，在环境治理过程中出现的一些违法或者危害环境的行为，需要有媒体的介入，媒体将事件的具体信息通过报道传递给人们，让人们参与到讨论中去，培养公众的环保意识；与此同时，通过舆论对相关企业、政府施加压力，使得市场规范和政府规制相融合。

1.3.2 机遇二：资源缺乏和环保高投入要求融合的有利条件

资源配置力是企业竞争力的重中之重。企业竞争力的强弱无非取决于两方面：拥有多少资源及企业对这些资源的使用能力。资源是一个企业发展壮大的物质基础，对资源的配置能力决定着企业的繁荣与衰弱。第一，需要对企业资源进行定位，即资源定位力；第二，加入资源整合力，两者的结合便形成了资源配置力。强有力的资源配置力使得企业资源合理地被利用，从而有利于企业的生产与发展。

一方面，制造企业可以通过加强对已有有限资源的灵活使用，实现对环保的投入。如随着企业技术创新能力的提高，企业越来越了解自己生产过程中的工艺诀窍，可以针对环保的要求对自身的技术工艺进行改进。通过技术创新，企业的生产、加工、组装等各个环节得以降低能耗，节约资源，从而提高资源的利用率。再如，企业已通过管理将潜在的生产力转化为现实的生产力，实现了资源的有效配置。

另一方面，在中国政府和市场关系转变的背景下，环保已经从单纯的政府规制驱动变成了政府规制和市场规范共同驱动。也就是说，制造企业可以通过进入环保行业的方式获取收入，进而促进资源缺口的填补。我国政府近年来非常重视环保，对一些环保产业给予了大力的支持。对于一些重大的环保项目、战略性新兴产业，政府每年都会拨款 1 亿元以上用于这些产业，以加快环保创新技术的研发进程，落实好保护环境的国策。此外，政府也支持一些省份建立研发技术中心、环保技术及装备展示中心、重点实验室及一些技术研究院等，以此来提高技术创新能力，提高研发能力及培养科研人才。对于一些环保类的重点项目、重点工程可以优先安排用地，保障这些产业的用地需求。此外，政府也会积极鼓励优先使用本省的产品。把符合环保、创新等要求的产品或者设备列入名册,引导企业优先购买名册中企业的产品或者设备。

由此看来,虽然企业资源缺口的现状与环保创新需要高投入的特性之间存在矛盾,但是两者是可以相互融合的。

1.3.3 机遇三:利己和利他主义融合的有利条件

越来越包容和多元的中国社会文化,有助于利己和利他主义商业逻辑的融合。随着社会的进步及全球化浪潮的席卷,我国政治、经济、文化等领域都发生了巨大的变化。我国传统文化在与国外文化的交流中得以更好地发展,使得我国文化呈现多元化的状态。文化多元性表现为多元的文化形式、多元的文化内容、多元的价值观,这些让我国当代文化更加丰富多彩。与经济一样,文化在不同的地区有较大的差异,这与各个地区的经济、交通等许多因素相关,但是各个地区都保留其具有价值的值得传承的文化。文化具有包容性,这意味着不同地区、不同类型的文化都享有平等的发展权。此外,政府的相关文化创业也需要考虑到不同形式、不同地区文化的发展需求,也就是所谓的兼收并蓄与求同存异。利己主义与利他主义是两种截然不同的价值观,利他主义讲求为他人奉献,维护他人利益,但忽视了自身利益的需求,也没有捍卫自身的合法权益,它能够促进社会的和谐与稳定,但同时也会打压人们的积极性。(文建东等,2004)而利己主义在某种程度上调动人们追求自身利益的积极性,有利于促进社会进步。因此,无论是利己主义还是利他主义都在一定程度上具有积极意义,都有可取之处。由于我国文化具有强大的包容性,两种文化可以融合。

亚文化是指一种普遍而独特的文化现象,有学者认为亚文化只有与商业逻辑、商品消费保持距离,才能够拥有其存在的意义。但是有其他学者研究表明,随着社会的不断发展及全球化的发展,使得商业逻辑不再处于一种依附于亚文化的被动状态,相反它能够促进亚文化的发展,两者存在一种相互促进、相互影响的状态,可见文化对商业逻辑具有很强的包容能力。(马中红,2014)

综上所述,利己主义和利他主义相包容的文化,将共同促进我国经济和环境的协调发展。

第2章　制造企业环保技术创新研究述评[①]

保持竞争优势的途径为提高企业创新能力，但我国企业在这方面仍与发达国家的创新型企业有很大差距。（许庆瑞等，2013）本土情境为制造企业环保技术创新带来三点挑战：一是，在政府规制和市场规范冲突下，制度压力如何激发企业环保技术创新；二是，在利己和利他主义商业逻辑的冲突下，企业如何对制度压力进行响应；三是，在资源缺乏的情况下，企业如何进行环保技术创新。在此背景下，研究“制造企业环保技术创新”具有重大意义。但由于涉及跨层次、非线性、多重因果性，现有研究基于的观点众多，且彼此缺乏联系，整体框架略显混乱。为了结合制度、文化和资源特征，本章系统梳理了SSCI检索的近20年来相关文献，厘清了制造企业环保技术创新研究脉络，并采取“否定之否定”螺旋上升的逻辑，深入评述了制造企业环保技术创新的前因结果变量及过程机制，达成一个“刺激→响应→机理”整合理论框架。最后，指出制造企业环保技术创新领域存在的三个研究缺口，为后续研究提供了切入点，便于未来进行理论构建和验证。

2.1　方法选择和描述性统计分析

参考Crossan &Apaydin(2010)的方法，检索SSCI和SCI数据库，关键词为：TI=“(environmental innovation OR eco-innovation OR environmental invention OR green innovation OR green invention) AND(TS=enterprise OR firm OR manufacturing enterprise OR manufacturing firm)”；文件类型=

① 本章部分内容已发表，见陈力田：《企业技术创新能力演化研究述评与展望：共演和协同视角的整合》，《管理评论》2014年第26卷第11期，第76—87页。

“article”和“review”；语言＝“English”；学科领域＝“management，business，environmental sciences，economics，environmental studies，green sustainale science technology，engineering environmental，planning development，operations research management science，engineering industrial，ecology，engineering multidisplinary，ethics，social sciences interdisciplinary，social sciences mathematical method，multidisciplinary sciences”。再通过文献摘要阅读和全文阅读的方式进行筛选，得到 226 篇和制造企业环保技术创新紧密相关的文献。由图 2-1 可以看出，相比于 2010 年前，2010 年后的文献数和年引用数显著增多。这说明，制造企业环保技术创新领域新兴但发展迅速。

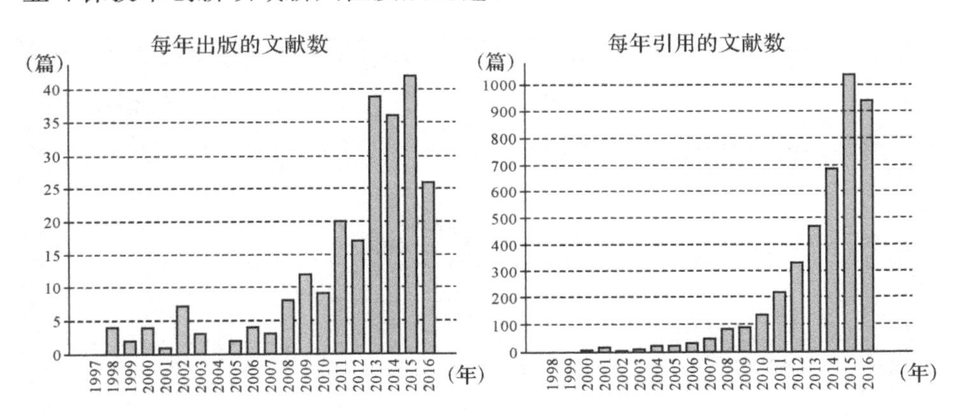

图 2-1　文献数和引文数(截至 2016/10/18 20:00)

排名前十的出版物来源如表 2-1 所示。可见，该领域发表文章的期刊水平较高，并由于跨学科特性，研究成果分布于工科 SCI 和商科 SSCI 期刊中。

表 2-1　排名前十的期刊

期刊名	文章数	比　例
Journal of Cleaner Production	31	13.717 %
Business Strategy and The Environment	13	5.752 %
Research Policy	13	5.752 %
Ecological Economics	12	5.310 %
Sustainability	9	3.982 %

续 表

期刊名	文章数	比 例
Industry and Innovation	7	3.097 %
International Journal of Technology Management	7	3.097 %
Technological Forecasting and Social Change	7	3.097 %
Innovation Management Policy Practice	6	2.655 %
Journal of Environmental Economics and Management	6	2.655 %

2.2 制造企业环保技术创新理论分布与变迁

本节秉承制造企业环保技术创新“前因变量—结果变量—过程机理”的逻辑主线，对制造企业环保技术创新的理论分布与变迁进行系统化的回顾梳理，具体如图 2-2 所示。

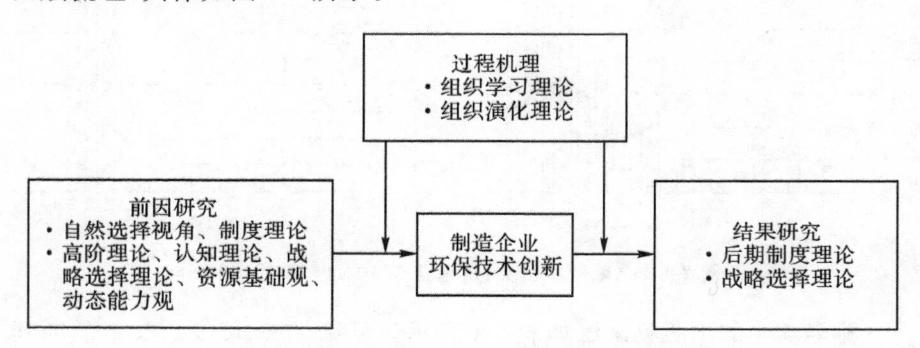

图 2-2 制造企业环保技术创新研究视角分布

2.2.1 制造企业环保技术创新的前因研究

(1)自然选择视角、制度理论

制造企业环保技术创新行为，本质上是一种企业应对环境变化的战略行为。基于自然选择视角，外部环境被认为是制造企业环保技术创新的决定因素。产业组织理论和种群生态学是在秉承自然选择视角的研究中两种最常用的方法。(Scherer et al.，1990；Hannan et al.，1984；陈力田，2014)基于产业组织理论，市场、政策和随之而来的企业绩效的决定因素都是产业条件(差异性、集中度和进入壁垒程度)。Porter(1996)对该观点进行了进一步补充,强调了资源质量、支持产业、制度情境这三个影响因素的重要性。后人研究进一步指出,在新兴和转型经济下,上述三个影响因素对国有制、集体所有制等直接服从政府规制的企业来说尤其重要。种群生态学认为,资源竞争性和稀缺性本身将直接决定何种组织可以得以生存,鲜有管理行为作用的余地。与此逻辑类似,制度理论被视为转型经济背景下企业战略领域最重要的理论,强调制度变革的外生性及其通过合法性的塑造而对组织的决定性作用。(Castel et al. ,2010)制度理论和其他视角的整合尚有很多空间。(Scott et al. ,2008)在 Oliver(1997)的研究中,资源基础观和制度理论被建立了对话。在 Porter(1996)的研究中,建立了制度理论与定位观之间的对话,从而为制造企业环保技术创新内涵的情境性研究奠定了理论基础。从制度的视角来分析制度压力对企业环保技术创新的影响和作用的研究由来已久。(Bansal et al. ,2014;Jennings et al. ,1995)对于制造企业而言,环保方面的制度压力具有多种来源,包含多种能够影响企业环保行为和目标实现的组织或个人。“波特假说”是该领域的代表学说,认为来自政府的环境规制和来自市场的环境规范是引发制造企业重视环保的内部原因,只有遵从政府规制和市场规范,企业才能获得可持续发展。

在政府方面,企业会面临来自政府的压力。(Horbach, 2008; Kammerer, 2009)政府会以规则、制裁、奖励等手段对企业施加压力,以及以优惠政策等方式引导企业进行环保技术创新。(Buysse et al. ,2003; Nameroff et al. ,2004; Delmas et al. ,2004)一方面,政府会采用强制性的环境法律法规,如污染控制标准、产品禁令等对企业的行为进行约束,引导其将更多资源投入环保投资和产品开发过程中,从而避免以后昂贵的资产改装费用。(Lampe et al. ,1991)另一方面,由于企业环保行为的正向外部性,政府也会采用一些优惠政策,如补贴、减免税收等方式鼓励企业进行环保技术创新。这样企业既可以从环保技术创新中获得额外的经济收益,也有助于维护企业的正面形象。(Segerson et al. ,1998;Hansen et al. ,2012)如在政府的干预下,英国“全球保护投资”的投资对象为可持续发展的最优企业。瑞士和挪威的银行在投资过程中也关注企业的环境绩效,北美和欧洲所建的“道德基金”也特别建立了环境投资指标。中国部分地区已为企业建立了环保信用体系，对环保信用较高的企业实行优惠融资政策。此外，还出台了绿色证券、绿色保险及绿色信贷制度。

在市场方面，企业面临的压力来源会更多。企业会面临来自客户、竞争者、媒体、社区等多方面的压力。随着对环境的重视和环保观念的普及，客户对企业的环保行为要求会越来越高。首先，在市场化程度较高的西方社会，学者早已发现，客户对制造企业环保技术创新的影响主要通过两方面进行：一是客户会通过抵制污染企业的产品的方式来倒逼制造企业进行环保转型，加强在污染预防和治理过程中的投资，并改进工艺和产品设计，实现环保技术创新（Karim et al.，2012；Greeno et al.，1992；Montiel，2009）；二是在一些行业内，具有较高环保理念的客户甚至会出更高的价格来购买企业秉承环保技术创新思想而产出的新产品。（Greeno et al.，1992）其次，竞争者也会对制造企业环保技术创新产生影响。企业往往会模仿他们竞争者的一些能带来高绩效的行为。因此，当企业观测到一些竞争者由于环保技术创新而获得来自政府或客户的认可时，往往会采取相类似的行为以避免竞争优势的减弱。（Garrod，1997；Nehrt，1996）再次，新闻媒体也会通过对公众环保理念的影响而对制造企业施加压力，并对环保技术创新成果显著的制造企业进行正面宣传。（Welford et al.，1993；Kathuria，2007；Bansal et al.，2014）最后，来自社区的制度压力往往对企业行为造成重要的影响。当企业所处的社区内有较多关注环境的居民时，企业面临的环保压力会较大，为了获得生存的合法性，企业往往会将更多的资本投入环保技术创新行为中。（Huq，1999；Brooks，1997；Arora et al.，1999）

对于制造企业环保技术创新，自然选择视角和制度理论存在不足。第一，更深层的比较和整合对制度理论非常重要，有助于加强理论自洽性。（Castel et al.，2010）制造企业面临的多重制度压力是转型经济背景的一大特征。制度压力的多重性不仅意味着制度压力的来源不同，还包括制度压力的内容不同。如对于制造企业环保技术创新而言，环保压力不仅来源于政府，也来自市场（客户、供应商、竞争者等）。政府和市场组合的混合制度压力对制造企业的环保技术创新行为共同产生影响。由于这种影响的复杂性和互动性，学界开始呼吁将市场、政策等因素归入整体框架进行研究，进而更好地理解企业在制度环境下的行为反应。（Magali et al.,2008)第二,仅考虑制度压力不足以解释在同质环境下组织行为的异质性。(宋铁波等,2011)企业在面临着同样制度压力的情况下往往有不同的应对策略。Oliver(1991)认为,在组织合法性驱动下,企业会做出顺从、妥协、回避、反抗和操纵这五种战略反应。在现实中,也存在面临相同制度压力时制造企业差异化的环保行为选择:顺从策略表示组织接受制度压力而进行环保行为;妥协策略表示企业在面临内容上不一致的制度压力时,采用部分遵从制度压力并积极创造自身利益的策略;回避策略表示企业隐瞒不顺从制度压力的事实,如一些企业购买了污水处理设备却只用于应付检查;反抗表示企业仅根据本身的意愿决定行动,无视制度压力,如一些企业无视环保法规进行排污;操纵表示企业主动地改变施加制度压力的要素,塑造新规范与标准。由此可见,制度理论尚未整合资源观和能力观,未考虑制造企业环保技术创新的内在路径依赖和阶段性差异,而这正是大规模制度变革背景下解释组织发展技术创新能力的关键。(陈力田,2014)以跨国公司在新兴经济国家的环保实践为例,其环保战略就是外部制度约束和内部战略选择两方面互动的结果。(Child et al.,2005;宋铁波等,2011)

(2)资源基础观、动态能力观

本质上为战略行为的制造企业环保技术创新,其影响因素应不仅仅局限在外部环境,还应有内部资源和能力的支撑和约束。资源基础观和动态能力观弥补了制度理论忽视制造企业环保技术创新内因的缺陷(Barney,1991;Cohen et al.,1990),指出了制造企业环保技术创新所需的资源和能力基础(Tan et al.,2011)。

首先,资源基础观认为,企业竞争优势来源于企业难以被复制、模仿的稀缺资源。(Barney,1991)环保技术创新作为一种前瞻式环保战略,其本质是通过对难以复制、模仿的稀缺资源的有效管理实现企业环境绩效的提高。(Russo et al.,1997)这种资源不仅仅是企业内部的资源,还包含企业外部资源。许多制造企业本身并不具备污染控制与消除的技术和设备,因此这些企业会通过购买、租赁、合作研发等方式从外部获取。比如企业可以通过在产品设计开发过程中融入环保理念;在产品生产过程中重复循环利用原材料,避免采用有毒物质,使用再生原料,在生产之后采用对污染进行控制与处理等方式降低技术创新过程中的污染排放和能耗,并提高原材料利用率。(Sharma et al.,2005)Berrone et al.(2013)认为,更高的资源冗余能加强与提供资源的利益相关者的关系,通过影响塑造企业规范制度环境的相关人员,降低企业的受限。

但是相对静态的资源基础观(Lane et al.,2006),关于环保技术创新如何形成和发展的研究甚少。相较之下,动态能力观是相对动态的观点,延伸了资源基础观,关注于企业应对环境变化获取可持续竞争优势的能力基础。转型背景下的中国企业面临的环保方面的制度压力对于企业而言是一个新的变化。基于动态能力观,动态能力是企业获取、集成、建造、释放、重构内部和外部能力及资源,以应对环境快速变化的能力,是企业可持续竞争优势的重要来源。(Teece,2007;Teece et al.,1997;Eisenhardt et al.,2000; Danneels,2010;陈力田,2014)动态能力对处于动态环境下的中国制造企业环保技术创新行为格外重要。基于演化经济学理论,企业行为惯例具有一定的稳定性和惰性,并倾向于随时间推移保持并"传衍"其重要特性。制造企业原先的技术创新行为存在刚性。(Barton,1992)面临变化的环境,新知识的产生对组织变革而言非常重要,但却常常被能力刚性所阻碍。由于环保技术创新需要高成本,若企业资源和能力具有较强刚性,无法在短时间内调出资源用于环保技术创新,则有可能不遵从政策,表现出"退耦"行为。(King,2008)当企业具有较强的调整资源配置以适应外部环境变化的能力时,企业才会选择遵从政府政策,甚至会主动进行环保技术创新以获得政府额外的赞扬。(Pedersen et al.,2013)当企业拥有更高的动态能力时,柔性资源和发挥资源协同效应的能力,使得企业愿意更加顺从规制压力,以获得来自政府的更大的合法性,从而受到某种程度的保护,以避免经营风险。(苏中锋等,2007)

企业从传统的技术创新过程走向环保技术创新过程,是一种战略转变过程,实现动态效率的提高是该阶段的重要目标。企业需要更新技术创新行为以满足环境中的环保压力变化的行为效率。路径依赖是这一动态效率提高过程中的阻力,能力选择体系及机制既是造成路径依赖的原因,又是打破路径依赖的总体力量。为了实现传统技术创新方式向环保技术创新方式的转变,制造企业需要克服路径依赖。

但资源基础观和动态能力观在解释制造企业环保技术创新如何形成和发展方面,仍然存在局限。首先,由于动态能力在概念上存在无限后推的问题(Peteraf et al.,2013),造成基于动态能力观,难以解释制造企业环保技术创新基于的能力基础来源的问题。其次,由于动态能力存在内生性逻辑矛盾,即动态化本身会侵蚀组织能力基础,而后者正是竞争优势的来源(Schreyo et al.,2007),造成制造企业环保技术创新转型对竞争优势作用的争论。最后,由于动态能力理论本身被认为难以反映技术创新能力动态演化过程(Barreto,2012),造成制造企业环保技术创新的过程机理难以被识别。

(3)高阶理论、认知理论、战略选择理论

制造企业环保技术创新的本质,是制造企业对生态环境问题的一种响应,不仅包括对环境规制的被动响应,还包括为避免伤害环境而主动采取的行为,受到企业高管价值观的影响。(Shama, 2000;Bansal et al.,2014)

相对于制度理论的环境决定论,以及资源基础观强调的物质基础,高阶理论、认知理论和战略选择理论则强调高层管理者的主观能动性。(陈力田,2014)由于高投入和顶层设计的需要,制造企业环保技术创新起源于战略层的决策行为,高层管理者在战略选择中起到重要作用。跟随Chander(1962)的"结构跟随战略"观点,Child提出战略选择的概念,高层管理者的作用开始得到重视,学习的注意力开始从结构决定论转向高管作用论。企业是否及如何进行环保技术创新是管理者选择的结果。在此基础上,四种战略类型(防御型、前瞻型、分析型、反应型)被提出。(Miles et al.,1978)基于战略意图,企业高管选择合适的企业发展战略及与之相匹配的组织结构,以适应环境变化。(Hermann et al.,2013; Helfat et al.,2011; Hodgkinson et al.,2011)关于高管决定将资源用于环保技术创新这一行为的战略意图,现有研究存在两类观点。

第一类观点认为,高素质管理者关注并引导企业环境行为,因其对环境有较高的自我责任感(Reinhardt,1999;Bansal et al.,2014),最终企业的环境战略和绿色能力的发展也须建立在由责任感引发的高管带领全体员工的参与上。(Hart,1995;Ramus et al.,2000;Sharma et al.,1998)这一观点建立在社会人假说上,认为企业存在的目的不仅在于获取经济利益,还在于创造社会效益。

第二类观点认为,高管决定将资源投入于环保技术创新领域,只是为了获得更多的经济利益。这类观点建立在经济人假说上,认为企业是追求利益最大化的经济体,这种利益不仅包含直接经济利益,还包含间接经济利益。直接的经济利益来源于生产满足和引导客户需求的环保产品(Porter,1996;Elkington,1994; Klassen et al.,1996),以及通过环保技术创新提高生产率和原材料使用率,优化生产流程,缩短循环时间,减少环境事故和惩罚等的方式带来的成本降低。(Hart,1995;Klassen et al.,1996)间接的经济利益来源于稀缺资源的获取、对环保技术先行创新、推动环保技术标准、影响政府政策等的方式。(Christmann,2000)

2.2.2 制造企业环保技术创新的结果研究

(1)*后期制度理论*

基于后期制度理论,组织在制度变革中作为代理角色,引发了内生性的制度变革。(Scott et al.,2008)宏观体系和微观活动的不匹配,以及制度要素和竞争框架的不匹配都会引起制度变革。(Scott et al.,2008)即便受到不可逆转性和认知局限性等因素的限制,作为组织代理的经济主体仍能探索外部机会,改变环境。这一行为的本质是操纵,组织并不盲从制度环境,而是主动地改变、重建甚至控制制度要素,以塑造新规范与标准。(Mickwitz et al.,2008;黄宗盛等,2013)如在产业竞争中,领先企业可通过制订技术标准影响环境。(Puller,2006)率先进行环保技术创新的制造企业,有助于推动创建与企业相匹配的行业环境技术标准和管理规范,占领行业优势,从而对竞争者形成行业壁垒;并能够因先发优势参与和影响政府相关环境政策,可优先预知政策变化从而调整环境战略,避免将来承担更多的成本,这可增加竞争对手的遵守成本。(Christmann,2000)无论是北美还是欧洲,这种现状都广泛存在。

(2)*战略选择理论*

和产业结构理论截然不同的是,战略选择理论强调管理者对环境的主动选择行为。(Child,2008)组织管理者可通过以下几种方法对环境进行主动选择。第一,可以通过选择公司的营运领域和地点,实现对环境的创造、选择和设定。不同行业、不同区域的环保规制监管力度各有不同,企业可以选择与自身情况相适应的环境。第二,可以和客户、竞争者、合作伙伴就外部期望进行正式和非正式的交流、游说和谈判,从而改变环境。通过和市场规范压力的来源者进行互动,可以有效调节规范压力的水平。第三,率先进行环保技术创新的制造企业,能够增强自身和政府讨价还价的能力,优先获得政府相关政策的支持,让企业处于绿色供应链的主导地位。

2.2.3 制造企业环保技术创新的过程研究

(1)组织学习理论

为了深入分析制造企业环保技术创新的机理,有必要从组织学习视角切入。因为,组织学习视角关注知识获取、转化和应用,这和环保技术创新的潜在能力提高过程中企业核心知识的递增、重组和利用的复杂过程相关。(Mathews,2002; Rita et al.,1995; Montealegre,2002)知识的搜寻、选择、获取、消化吸收、集成、创造和应用,是创新惯例形成过程的组织学习机制。(陈力田,2014)

第一,环保技术创新战略的制订和变革过程是一种探索性的学习过程,帮助企业获取外部知识,通过率先开展环保技术创新行为来获得先发优势。在此过程中,具有动态能力的制造企业能够更快地识别和满足客户的需求,做出快速反应,从而避免"锁定效应"和"能力陷阱"(Lichtenthaler,2009;陈力田,2014),即避免锁定在以往的技术创新行为中而难以做出改变。具体而言,包括两个阶段。第一,搜寻阶段,即将外部的技术趋势、客户需求和政府环保政策变化导入生产系统,包括获取创新信息,投入创新要素,求解问题。第二,选择阶段,即企业面对环境中诸多机会做出选择的过程。通过这两个阶段的学习过程(Hu,2012),环保技术创新所需要的知识与信息可由制造企业获得。基于此知识和信息,制造企业可以将其组合成多类型的技能、知识和资源。

第二,给定环保战略框架下的环保技术创新行为是一种转化性和应用性的学习过程。具体而言,包含获取、消化吸收、集成、创造和应用。(Lichtenthaler, 2009)即,将选择后的环保技术和工艺等知识引入企业内部,并将其和已有工艺及技术进行内化和整合,产生新知识,以满足市场和政府的要求。这一过程是建立在对组织资源的调用基础之上的。

现有研究仍存在两个局限:一是已有研究尚不能回答在制造企业环保技术创新过程中,企业是如何调度内部和外部资源进行组织学习的;二是缺乏对发展中国家企业组织学习、技术追赶问题的理论研究(程鹏等,2011),造成基于组织学习视角探讨制造企业环保技术创新的研究不够。

(2)组织演化理论

据组织演化理论,企业技术创新行为本质上是"变异→选择→保留与传衍"的过程。(Fortune et al.,2012)同理,制造企业环保技术创新本质上也是这一过程。然而该领域研究存在由来已久的争论:企业是否能够预见环境变化的趋势,企业是否能够主动改变惯例以实现对环境的主动适应。秉承达尔文主义视角的研究认为,环境对企业而言是自然选择过程。也就是说,在"技术创新→环保技术创新"的转型过程中,企业被环境所被动选择,企业难以预见环境的变化和发展。但是,基于拉马克主义视角的企业能主动适应环境过程,会主动变异自身技术创新能力以适应动态环境,且主动变异后获得的能力可遗传下来。除了达尔文主义和拉马克主义的争论,演化理论对制造企业环保技术创新机理的理解尚不清晰,有待进一步研究。

2.2.4 上述观点的分歧及整合思路

(1)上述观点彼此的分歧

关于制造企业环保技术创新的研究由来已久。现今问题是缺乏成熟的视角解释分歧。

首先,已有研究针对"制造企业环保技术创新的驱动因素的所处层次"这一问题存在分歧。有些研究关注外部环境因素(制度压力、产业竞争结构、环境动态性、行业可见性)。另一些研究关注内部意愿、资源和能力等因素(高管认知、资源获取、动态能力)。

其次,已有研究针对"制造企业环保技术创新在重塑环境方面的自由度"这一问题存在分歧。有些秉承早期制度理论的研究认为,在环保转型的背景下,制造企业的生存取决于其接受外部环保规制和规范的意愿与能力。另一些理论允许制造企业通过与环境成员的交互和网络合作来协商或影响这些规制和规范。

再次,已有研究针对"制造企业环保技术创新的驱动因素到底是意识形态因素还是客观物质因素"这一问题存在分歧。前者本质上是价值观,包括宏观层次的当前社会意识形态和微观层次的公司文化规范。环保技术创新不仅面临着社会公众的环保期望，还受到高管环境伦理的影响。后者则是企业生存所需的资源和能力，包括宏观层次的经济增长和稳健性与微观层次的资金、知识和能力等。作为一种具有外部性的战略行为，环保技术创新所需的资金、知识和能力等基础比传统技术创新方式的更大。

最后，已有研究针对“制造企业环保技术创新的所有制和行业初始条件”这一问题存在分歧。不同所有制和行业特性不仅意味着企业面临政府环保规制和市场环保规范的差异，还会对企业的价值观和物质层面的基础产生影响，进而影响到其环境战略的选择。

(2)基于“刺激→响应→机理”模型进行理论整合的必要

上述视角提出了不同制造企业之间，环保技术创新存在不同，尽管会进行互补但彼此仍缺乏联系的观点。已有研究在制造企业面临多重制度压力时的价值观动机、资源和能力基础、合法性策略选择这三方面，存在争论和研究缺口。

基于“刺激→响应→机理”模型，将上述视角结合起来研究制造企业环保技术创新，有助于建立视角之间的联系，具有重要的理论意义；将更加全面深入地揭示制造企业环保技术创新的路径和机理，具有重要的实际意义。一方面，为了灵活主动适应环境，制造企业需要及时感知制度压力的来源和内容，做出环保技术创新决策；另一方面，为了更有效率地实现对制度环境的适应，制造企业环保技术创新需与内部资源和动态能力等因素相结合，选择适应的时机和策略。

2.3 整合理论框架的提出：“刺激→响应→机理”模型

基于“刺激→响应→机理”视角，制造企业环保技术创新过程中的构思间关系如表 2-2 所示。

表 2-2 制造企业环保技术创新过程中的构思间关系

过程	理论	主要观点
刺激	自然选择视角、制度理论	制造企业环保技术创新行为,本质上是一种企业适应环境变化的战略行为。外部制度环境产生的多重制度压力(规制、规范、模仿)被认为是制造企业环保技术创新的决定因素。"波特假说"是该领域的代表学说。(Porter,1996)
响应	高阶理论、认知理论、战略选择理论、资源基础观、动态能力观	制造企业环保技术创新行为,本质上是基于高管价值观及企业内部资源和能力基础采取的特定差异化响应策略。在此过程中,对相冲突价值观的平衡和对有限资源的高效率利用非常重要。(Battilana et al.,2015;Yang et al.,2015;Mair et al.,2015)
机理	组织学习理论、组织演化理论	制造企业环保技术创新行为,本质上是一种企业惯例"变异→选择→保留与传衍"的过程。(Fortune et al.,2012)在此过程中,企业核心知识得以递增、重组和利用。(Mathews,2002; Rita et al.,1995; Montealegre,2002)

2.3.1 刺激:促发制造企业环保技术创新的动力机制

制造企业环保技术创新行为,本质上是一种企业适应环境变化的战略行为。外部制度环境产生的多重制度压力(规制、规范、模仿)被认为是制造企业环保技术创新的决定因素。"波特假说"是该领域的代表学说。(Porter,1996)基于达尔文主义视角,来自政府和市场的多重制度压力对制造企业而言是一种外部刺激,倾向于塑造制造企业的环保行为。在该动力机制中,企业行为是在持续的变异、选择和传衍的循环中进行的,并促使其向更适应环保转型这一环境变化的方向演化。

2.3.2 响应:促发制造企业环保技术创新的反应机制

制造企业环保技术创新行为,本质上是基于高管价值观及企业内部资源和能力基础采取的特定差异化响应策略。在此过程中,对相冲突价值观的平衡和对有限资源的高效率利用非常重要。(Battilana et al.,2015;Yang et al.,2015;Mair et al.,2015)基于拉马克主义视角,企业管理者会根据自身的经验和知识对某种环保技术创新方式产生偏好并做出战略选择决策。对于这样的制造企业,在其生产方式从传统走向环保的过程中，组织惯例的变异并不是随机发生的，而是能传衍组织的自我更新能力的。这样的制造企业可以超越传统生产过程中的组织惯性，实现惯例更新，以选择新环境；还可通过创新扩散和议价能力来影响环境。具体而言，包括以下两种过程。第一，基于企业高管战略意图的层级更新，针对环保转型这一环境要求变化，制造企业高管制订环保技术创新的动态行动目标和方案，并加强各组织内部层级互动的资源部署。第二，面临环保转型这一战略层级变革，制造企业内部各层级进行全面更新响应，通过对环境、战略和学习模式的集体认知来推动环保技术创新。

2.3.3　机理：促发制造企业环保技术创新的学习机制

本质上，刺激和响应机制起作用的深层次原因是学习机制，为了实现从传统生产方式向绿色生产方式转型，制造企业需要对原有的能力进行动态变化，以实现环保技术创新。但动态能力存在着内在逻辑的悖论：动态化本身带来了组织能力的消减，但后者是竞争优势的重要来源。(Schreyo et al. ,2007)因此，识别已经落后的、需要淘汰的能力是能力动态化的关键。Schreyo et al.(2007)提出了能力监控概念，指出应该有意识地结合内外部环境，通过环境预测和绩效变化两者的结合，来判断企业能力和环境要求之间是否存在不匹配的现象。对制造企业环保技术创新而言，制造企业需要监控已有能力是否存在锁定、惯性和认知陷阱，评价已有能力的优点，识别需要修正的能力。若企业识别了已有技术创新过程中的问题，则会通过内部生产或外部获取的方式复制优点，修正不足，引发企业惯例发生多样化的变异。(Parmigiani，2009)然后，组织会选择新产生的生产方式上的变异，以提高环保技术创新的效率，并使其得以在经济社会系统中扩散。接着，组织的群体思维和行为模式发生变化，引发下一阶段组织变异。制造企业环保技术创新及其前因结果变量关系框架如图 2-3 所示。

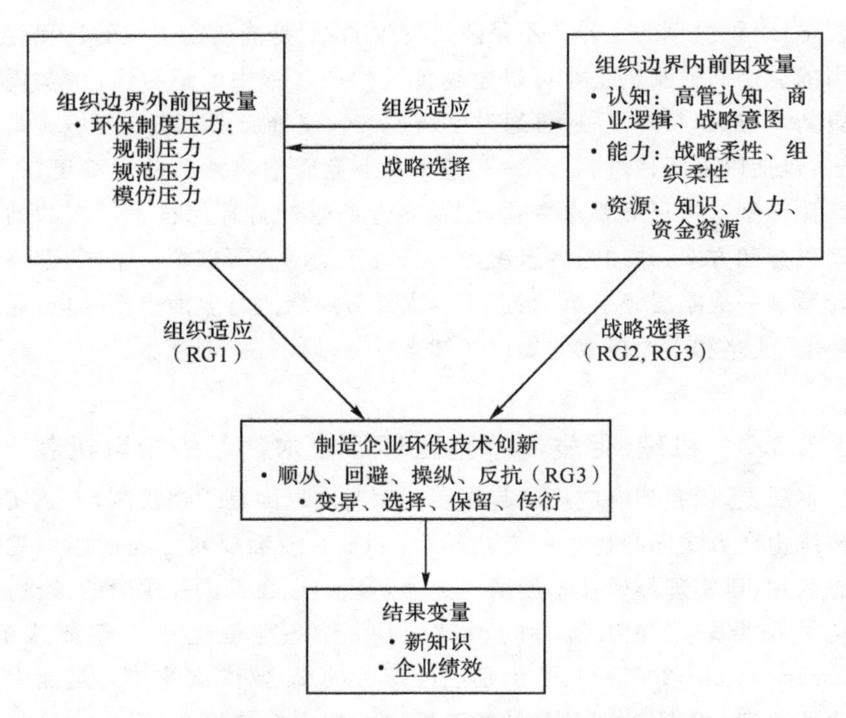

图 2-3 制造企业环保技术创新及其前因结果变量关系框架

(注:RG 指的是 Research Gap,即现有研究存在的争论和缺口)

2.4 研究缺口及对我国制造企业环保技术创新研究的启示

2.4.1 研究缺口一(RG1):复杂制度环境下,多重制度压力的生成机理与制度压力对环保技术创新作用的研究比较缺乏

在现有研究中,关于政府和市场及其互动产生制度压力的机理不明。(Magali et al., 2008)现有研究多关注于制度压力对企业行为、绩效等结果变量的影响,缺乏对制度压力的前因变量和生成机理的研究。并且,驱动制造企业环保技术创新水平提高的制度压力和企业合法性选择策略不明。

首先,缺乏多种制度压力之间的交互对制造企业环保技术创新的影

响研究。(Scott et al. ,2008)

其次,缺乏不同制度压力,以及不同制度压力组合之间对制造企业环保技术创新作用的比较研究。(Berrone et al,2013)而这一被忽视的领域,在政府和市场角色转变的当今,具有难以忽视的研究意义。基于合法性视角,多重制度压力对制造企业环保技术创新的影响效果仍然存在争论。

最后,在多重制度压力下,有助于企业环保技术创新的企业合法性选择策略不明。虽然大多数研究认为顺从、妥协制度压力能促进企业进行技术创新;但也有一些研究认为,由于环保技术创新需要较长的时间和较多的资源投入,企业面临多重制度压力后的回避性"退耦"行为反而会更加有助于企业环保技术创新水平的提高。(Crilly et al. ,2012)

这些问题导致驱动制造企业环保技术创新水平提高的制度压力和企业合法性选择策略不明。(Berrone et al. ,2013; Crilly et al. ,2012)制度理论和能力观整合的缺乏,阻碍了该研究缺口的填补,而这正是制度变革背景下解释组织变革的关键。(Scott et al. ,2008)企业技术创新行为中对环境知识特性的认知,决定了企业技术创新学习和积累的效率。(Barreto,2010)上述研究缺口导致政府难以制订有效措施,实现和市场的有效互动,以促进制造企业环保技术创新水平的提高。

2.4.2 研究缺口二(RG2):多元文化背景下,企业响应多重制度压力时,"利己-利他主义"商业逻辑侧重点不明

已有研究对这两种基于不同人性价值观假设的研究还缺乏整合的比较,在不同制度压力下的响应侧重点不明。在企业环保技术创新情境因素研究领域,现有研究尚未识别企业基于利己和利他主义商业逻辑对不同类型制度压力的响应机制。一方面,虽然对该领域的研究逐年增长,现有研究已检验吸收能力和制度压力对企业环保行为的影响(Judge et al. ,2005;Delmas et al. ,2008),但多基于单一的内部或外部视角,鲜有整合内外视角研究环保技术创新的前因和情境。另一方面,前人多关注制度压力的直接影响作用(Chang,2011;张钢等,2011),未识别和比较企业对

不同制度压力的响应机制，缺乏将不同制度压力（规制压力和规范压力）作为情境变量来研究其对反映企业商业逻辑的组织内部基础（态度、能力等）和环保技术创新关系调节作用的比较情况。(Berrone et al.,2013)这种比较研究的目的是识别不同情境下组织内部因素的优先级。Mair et al.(2015)认为，现有研究尚未识别在多重制度压力下，具有混合逻辑的企业是否同时要多种逻辑并行，抑或在不同情境中提高某一单一逻辑的优先级。该问题导致适应政府和市场关系转变情境的优先组织路径研究不够细致，难以深入解释转型经济中企业环保技术创新行为的组织异构现象。

上述缺口导致驱动制造企业环保技术创新的商业逻辑侧重点及对不同制度压力的响应机制不明。(Berrone et al.,2013;Crilly et al.,2012)即在政府和市场关系转变背景下，为响应多重制度压力，制造企业在不知应如何均衡"趋利"和"社会福利"商业逻辑的情况下，进行主动的环保技术创新。

2.4.3 研究缺口三(RG3):资源缺乏情况下，企业针对多重制度压力的合法性策略选择及其作用机理不明

感知到的制度压力的不同会引发企业"组织异构"，但其异构作用效果仍受企业内部权变因素的影响。在制度压力和环保技术创新间关系的权变因素上，现有研究多侧重高管认知、态度层面的变量，缺乏对动态能力基础的考虑。(Colwell et al.,2013)而实际上，战略柔性，作为一种重要的动态能力，包括多用途的柔性资源和将资源灵活运用的能力，对处于动态环境下的中国制造企业环保技术创新行为格外重要，是制度压力对企业环保技术创新起作用的重要条件。将制度理论和动态能力观相整合，引入战略柔性这一权变因素，有助于该研究缺口的填补。(Scott et al.,2008)

而这正是制度变革背景下解释组织变革的关键。(Scott et al.,2008)制度理论内部、制度理论和创新领域交叉研究领域内部，以及制度理论和动态能力观整合领域内部的研究缺口，导致驱动制造企业环保技术创新水平提高的合法性选择策略、制度压力和企业能力基础不明(Berrone et al.,2013; Crilly et al.,2012)，进而导致政府和企业难以制

订有效措施，以实现和市场的有效互动，以促进制造企业环保技术创新水平的提高。

2.5　总结与未来研究展望

在转型经济背景下，研究“政府和市场如何协同驱动我国制造企业环保技术创新”具有紧迫性和重大意义。本书通过系统化的文献回顾，厘清了已经深入研究的关系，并指出了争论和不足。分析结果表明，自然选择视角、制度理论、资源基础观、动态能力理论、高阶理论、认知理论、组织学习理论、组织演化理论等理论和观点虽为本书的研究提供了重要的理论基础，但现有研究针对制度、文化和资源三方面的现实情境，仍存在三点缺口：①复杂制度环境下，多重制度压力的生成机理与制度压力对环保技术创新作用的研究比较缺乏；②多元文化背景下，企业在响应多重制度压力时，“利己-利他主义”商业逻辑侧重点不明；③资源缺乏的情况下，企业针对多重制度压力的合法性策略选择及其作用机理不明。

基于现实问题和理论问题的交集，未来研究可围绕“我国制造企业如何基于资源和能力基础，均衡商业逻辑以应对多重制度压力”这一问题展开。本书发现的理论缺口为该问题的理论构建及其验证研究提供了方向。

第3章 政府和市场协同驱动我国制造企业环保技术创新研究框架：刺激、响应和机理

3.1 研究问题、研究内容和重点突破点

3.1.1 研究思路、研究问题及研究目标

基于“刺激→响应→机理”模型，本书立足于制造企业环保技术创新实践，明晰政府和市场协同产生制度压力的机理，以及驱动制造企业环保技术创新水平提高的制度压力类型、商业逻辑侧重点和合法性选择策略作用机理。

政府和市场协同驱动企业环保技术创新水平提高，是改变传统的“高投入、高消耗、高污染”经济发展方式，实现我国制造业结构调整的重要手段。根据实际和理论问题的交集，本书关注的问题为：如何通过政府和市场协同驱动制造企业环保技术创新。研究目标为：①明晰政府和市场协同驱动下，促进环保技术创新的制度压力类型及产生机理；②明晰面临多重制度压力的制造企业如何基于“利己-利他主义”商业逻辑做出响应，并确定促进环保技术创新的合法性策略类型及其作用机理；③提出有助于政府制订和市场协同驱动企业环保技术创新的制度环境优化措施和企业管理建议。

3.1.2 研究内容

本章具体包括三点内容：①政府和市场协同驱动下，促进环保技术创新的制度压力类型及产生机理；②制造企业基于“利己-利他主义”商业逻辑做出响应，选择促进环保技术创新的合法性策略；③有助于政府制订和

市场协同驱动企业环保技术创新的制度环境优化措施和企业管理建议。

(1)研究内容一:政府和市场协同驱动下,促进环保技术创新的制度压力类型及产生机理

针对我国本土制造企业环保技术创新过程中,面临政府和市场双轮驱动的情况,本书拟通过文献分析、数理实证分析的方式,识别制度压力产生过程中,政府和市场的互动、互补作用,以及促进环保技术创新的制度压力类型。

揭示规制和规范压力如何在政府和市场的协同下实现融合。具体而言,一方面,收集和环保有关的政策文件,包括强制性的环境法律法规(如强制必须达到的统一污染控制标准、产品禁令),以及基于市场的经济手段和优惠政策(如污染收费、补贴、税收、可交易的许可证等),揭示当地制造企业所处的规制型制度环境。另一方面,分析市场规则,识别规范压力,进而说明政府和市场协同作用下规制压力和规范压力的融合机理。本部分对应本书第4章。

结合理论,针对"缺乏多种制度压力之间的交互对制造企业环保技术创新的影响研究""缺乏不同制度压力,以及不同制度压力组合之间对制造企业环保技术创新作用的比较研究",以及"多重制度压力下,有助于企业环保技术创新的企业合法性选择策略不明"三个研究缺口,基于本土制度复杂、资源缺乏的情境特殊性,提出对多重制度压力、制造企业环保技术创新、战略柔性三者关系的假设,并通过大样本问卷调查来搜寻数据验证假设。本部分对应本书第5章。

(2)研究内容二:制造企业基于"利己-利他主义"商业逻辑做出响应,选择促进环保技术创新的合法性策略

立足于制造企业实践,本书将通过探索性案例对响应和机理问题进行研究。具体而言,以浙江等地的制造企业为样本企业,选择这些企业的高层管理者作为访谈和数据采集对象,采用对比性案例研究方法,归纳多重制度压力对我国制造企业环保技术创新水平提高的影响,以及此过程中商业逻辑和企业合法性选择策略的作用,再提出命题。本部分对应本书第6章。

(3)研究内容三:有助于政府制订和市场协同驱动企业环保技术创新的制度环境优化措施和企业管理建议

本书拟根据前两个研究内容的结果，进一步提出政府政策建议和企业管理建议，指出政府应该如何实现和市场的协同，在制造业中产生能够驱动企业环保技术创新的特定制度压力。这一建议将有助于在政府主导和市场调节相平衡的条件下，增加对市场的开放度，加大市场对企业技术创新的资源配置功能。本部分对应本书第 7 章。

3.1.3 拟突破的重点、难点

第一，采用理论构建式的探索性案例研究方法，揭示政府和市场在协同驱动我国制造企业环保技术创新过程中的多重制度压力的生成机理。原因是：①现有文献无法揭示我们提出的研究问题。现有研究尚存在“政府和市场及其互动产生制度压力的机理不明”这一研究缺口。现有研究多关注制度压力对企业行为、绩效等结果变量的影响，缺乏对制度压力的前因变量和生成机理的研究。而在政府和市场角色重构的当今，这一领域具有重要的研究意义。②本书要回答“如何”的问题。

第二，采用主、客观指标结合的方式对企业合法性选择策略进行测量。受社会称许性的影响，企业很少会主动承认其“回避”的合法性选择策略。当事组织在回避行为被察觉之前，出于对本组织利益的考虑，不会主动披露其回避行为。故需将主、客观指标结合起来观测企业合法性选择策略。

第三，采用数理实证研究验证和揭示多重制度压力与制造企业环保技术创新的关系。这将有助于弥补“缺乏多种制度压力之间的交互对制造企业环保技术创新的影响研究”“缺乏不同制度压力，以及不同制度压力组合之间对制造企业环保技术创新作用的比较研究”“多重制度压力下，有助于企业环保技术创新的企业合法性选择策略不明”这三个研究缺口，从而揭示促进制造企业环保技术创新水平提高的制度压力和企业合法性选择策略。

3.2　研究方法和技术路线

3.2.1　研究方法

本书基于“提出问题—分析问题—解决问题”的思路,采用和研究问题相匹配的研究方法。制造企业环保技术创新领域的研究具有复杂性和跨学科的性质。因此,本书将综合运用跨学科多类知识,对制造企业环保技术创新展开研究,以实现定性和定量结合、实证和理论推导结合、动态和静态结合、横向和纵向结合。为了实现和研究问题的匹配,本书基于“刺激→响应→机理”这一研究思路,遵循“阅读文献与研究案例—提出命题—形成假设—搜集调查数据—检验假设—形成结论”的思路进行研究。具体来说,包括如下几类研究方法。

(1)文献综述与理论分析

在搜集与制造企业环保技术创新相关的文献基础上,本书将在研究目标的引导下,系统、深入地总结前人研究成果。在此过程中,拟采用文献研究和理论分析相结合的方法,全面分析制造企业环保技术创新的前因、结果、过程机理等问题,总结政府和市场促发企业环保技术创新的途径,系统搜寻、评述相关文献,找出研究基础和缺口。在此基础上,构建研究模型,为后续研究提供基础。

(2)探索性案例研究

案例研究可为本书的构思和命题提供企业实践素材。本书将采用理论构建式的多案例纵向研究方法,进行理论模型构建并提出相关命题。本书重点选择代表性产业和企业进行重点案例研究和跨案例比较研究,通过进行深入、系统的访谈调研找出政府和市场协同生成的制度压力及其作用、企业基于商业逻辑对制度压力进行的响应和企业选择不同的合法性策略进行环保技术创新的机理,并提出命题。

选择该方法的原因:第一,案例研究方法适用于本书关注的“如何”的问题;第二,理论构建式案例研究适用于解决现有文献尚未详细揭示的研究问题;第三,多案例纵向研究方法比单案例研究方法具有更强的普适性。(Yin,2003)具体而言,对案例样本选择、数据搜集和资料编码分析三大因素进行综合科学的考虑,有助于增强本书的信度和效度。①案例样本选择。为了兼顾案例典型性、数据可获得性和研究便利性，选取 6 家企业作为研究样本。②数据搜集。为了避免共同方法偏差，提高研究的信度和效度，本书基于多种数据来源，“三角验证”不同证据。(Yin，2003)另外，在本书中，印象管理和回溯性释义带来的误差较小，因为访谈过程中设计的问题不涉及敏感话题。(Davis et al.，2009)研究以人员访谈为主，以档案记录、文献资料、实物证据等公共数据为辅。在访谈对象上选择了样本企业的董事会成员，子公司总经理、总工程师、产品线负责人。为确保良好的效果，访谈采用半结构化形式进行，并在访谈结束后 24 小时内进行访谈记录整理。③资料编码分析。即对资料进行逐级编码，对编码后的企业间资料进行比较，通过比较性分析方法，揭示引发制造企业环保技术创新的机理。

(3)数理实证分析

问卷调查是本书获取验证性研究数据的主要方法。其顺序为：问卷设计—根据研究主题取样—统计分析。接着，对搜集到的数据进行因子分析、效度检验、相关分析、回归分析等。本书通过问卷调查和统计分析来验证假设，检验制度压力和企业环保技术创新之间的关系。SPSS 软件用于内部一致信度分析、探索性因子分析、描述性统计分析、相关分析和回归分析。Amos 软件用于测量模型的验证性因子分析。

3.2.2 技术路线

遵循“提出问题—分析问题—解决问题”的思路，本书先将现实问题分析和文献分析结合起来找出待解决的科学问题，再通过定性方法和定量方法结合分析政府和市场协同驱动我国制造企业环保技术创新的机理。本书的技术路线如图 3-1 所示。

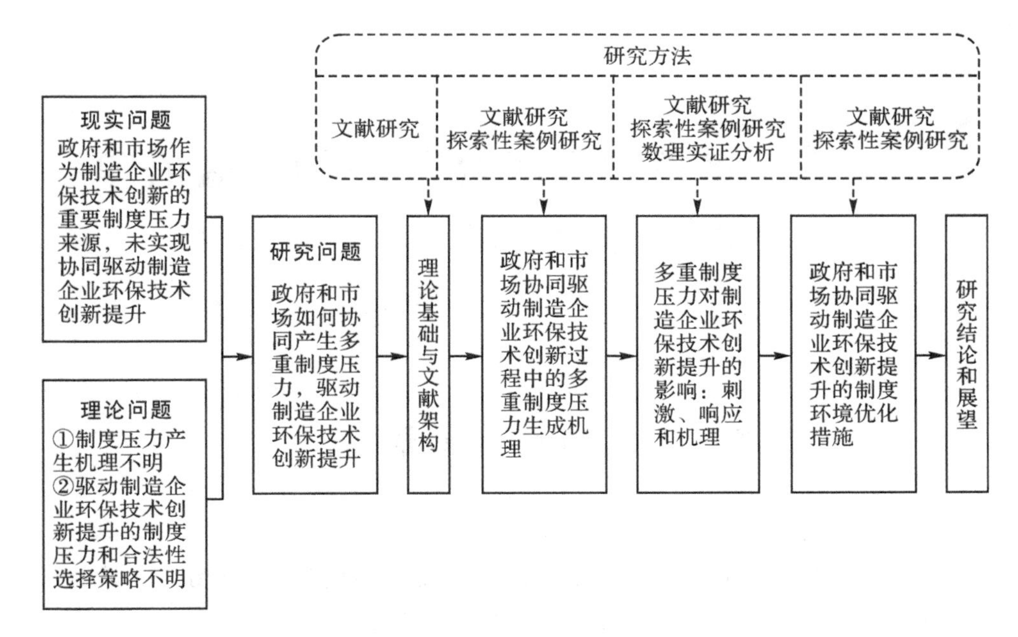
研究方法
文献研究
文献研究
探索性案例研究
文献研究
探索性案例研究
数理实证分析
文献研究
探索性案例研究
现实问题
政府和市场作为制造企业环保技术创新的重要制度压力来源，未实现协同驱动制造企业环保技术创新提升
理论问题
①制度压力产生机理不明
②驱动制造企业环保技术创新提升的制度压力和合法性选择策略不明
研究问题
政府和市场如何协同产生多重制度压力，驱动制造企业环保技术创新提升
理论基础与文献架构
政府和市场协同驱动制造企业环保技术创新过程中的多重制度压力生成机理
多重制度压力对制造企业环保技术创新提升的影响：刺激、响应和机理
政府和市场协同驱动制造企业环保技术创新提升的制度环境优化措施
研究结论和展望

图 3-1　本书技术路线

第4章　多重制度压力形成过程:政府和市场协同驱动

4.1　制度压力的内涵和来源

制度压力来源广泛,政府、消费者、供应商等都会对企业产生影响。随着我国经济的不断发展及环境问题的发生,来自政府和市场的成员对环保的重视程度不断加强。在多来源的环保压力下,本土企业为了获得生存的合法性,也要将环境保护提升到战略高度。随着政府和市场组成对环境保护的要求逐年提高,企业在生产活动中也感受到了超越经济效益的更全面的环保要求和期望,这些要求和期望无形中给企业施加压力,即制度压力。本书将从政府和市场两个方面来阐述制度压力。

4.1.1　来自政府的规制压力

制造业在发展过程中必须遵循一定的规则,而这些规则对企业行为产生的压力称为制度压力,来自政府的环保压力属于规制压力。规制压力是指政府施加的非正式或者正式的压力。如政府制定的关于环境保护的相关法律或者法规中有明令禁止的规定,或者要求达到一定的标准的可视为外部的强制压力。政府为了促进我国资源较少且具有高逐利思维的本土企业将经济与环保兼顾,出台了相关的法律法规。2014年,被称为“史上最严厉”的《中华人民共和国环保法(修订案)》在十二届全国人大常委会第八次会议上表决通过,并于2015年1月1日起正式施行。该法案在环境监测、环境影响评价、排污管理等方面较之前有了较大改进,得到了进一步的完善。为了配合该法案的实施,成都、大庆、苏州等地开始对当地企业存在的环境污染等问题进行严格的检查,并进行整治。在有关政府部门的努力下,PM2.5 浓度较之前有所下降。此外,环保部门也开始出手,于 2014 年 10 月发布按日计罚、查封扣押、限产停产、信息公开 4 套具体办法。国家对环境保护越来越重视,而要做好环境保护的具体工作,就必须遵循市场经济的运行规律,那就是要充分利用价值规律,发挥竞争规律的作用,支持资源的优化配置。《污染源治理专项基金有偿使用暂行办法》《关于环境保护资金渠道的规定的通知》等行政法规和部门规章也陆续通过,保证了环境保护与治理经费的来源。一些省、市、区也制定了相应的法规,强调要实行强有力的环保措施,如落实环境保护责任,大力发展循环经济,加大环境保护投入,加强环境保护监管,建立健全国家监察、地方监管、单位负责的环境监管体制,提高公众参与程度,大力发展环保产业,进一步提高环保装备技术水平,扩大国际环境合作与交流。政府通过这种规制压力迫使企业改变自己的生产模式,改变相关制度与战略,采用新的技术,加大对环保的投资,进而达到政府对企业的期望与要求。此外,政府也加强了对企业的监管力度。凡是因为污染环境、肆意排放而对环境造成严重危害的企业,政府会予以严厉的惩罚,即企业需要支付高昂的违规费用,以此来告诫企业违反规定是需要付出高昂的代价的。通过惩罚来迫使企业不得不对其设备、生产过程进行改进与改善。我国政府也通过媒体、游说等方式大力宣传环保理论,增强企业的环境伦理,促使企业进行环保技术创新。除了惩罚性措施,各地政府还通过给予资金方面的支持来引导资源较少的本土企业进行环保技术创新,并加强本土企业和国内外科研机构的合作,为本土企业进行环保技术创新提供经验和技术,促使企业更快更好地实现转变。各地政府通过加强监管、严格执法来为企业进行环保技术创新营造一个良好的环境。目前,我国相关的行业部门也出台了相关的环保政策标准,使得进行环保技术创新的企业在发展中国家的市场也具有竞争力。

4.1.2　来自市场的规范压力

关于制度压力的来源,除了政府外,还有市场中的成员(如客户、竞争者等)。本书将客户、竞争者等带来的环保压力,统称为来自市场的规范压力。规范压力是指市场成员对企业行为进行的约束和影响。企业会通过努力来达到市场成员对其的期望或者要求,这在无形中形成了对企业的约束。对企业而言，规范压力主要来自客户。随着我国社会的不断进步及环保观念的增强，客户开始转变消费观念，会更加倾向于选择环境友好型的绿色产品。（李怡娜等，2013）客户做出的这种选择，无疑会影响企业去调整生产产品的过程或者重新开发新产品来满足消费者的需求。企业的利益直接来源于客户，因此企业会为了获得利益而选择满足消费者的需求。反之，也就是在客户的规范性压力下推动企业进行环保技术创新。除此之外，市场中的竞争者也是制度压力的来源。企业会效仿一些取得成功的企业，学习他们的成功经验或者方法。当今本土市场竞争激烈，客户追求高质量、环境友好型产品的观念增强，生产该类型产品的企业更易获得客户的青睐。若这些企业的环境友好型产品销售获得成功，那么其竞争对手会效仿这些企业，引进先进的技术来生产环境友好型产品。这一现象随着大众媒体对环境污染事件的报道及人们受教育程度的不断加深而更加普遍。客户的环保观念不断提升，在产品选择上开始具有越来越注重环境友好的消费偏好，对节能、环保、绿色产品会更加偏爱；而对那些高能耗、高污染的产品会不予考虑，甚至会对那些肆意排放污染、严重破坏环境的企业主动提出抗议。客户是企业利益的直接来源者，他们的此类行为和意识在无形中给企业施加了巨大的压力。在这种情况下，即便是以营利为目的，企业也会向消费者妥协，改变企业的生产方式，引进先进的环保技术、设备和工艺，从而实现在生产中减少排放，且更加注重开发一些新的环境友好型的产品。而且，从供应链角度来看，企业在选择供应商时也将不仅重视质量和价格，还会重视其原材料是否是环境友好型，重视供应商是否进行环保技术创新。此外，客户对环境友好型产品的需求较高，从另一个侧面来说会给企业提供较多的关于环保的信息、技术、人才的支持，使得企业进行环保绿色创新的目标得以实现的可能性增加。已有学者研究表明，来自市场的压力对企业进行绿色环保创新管理是具有正面影响的，对绿色产品的生产及绿色工艺的创新也具有积极的影响。（李怡娜等，2013）

4.2 多重制度压力的形成过程：短期冲突和长远融合

企业进行环保技术创新受到不同的利益相关者的影响。与此同时，利益相关者形成的制度压力,即政府的制度压力和市场的制度压力存在着冲突与融合。

4.2.1 来自政府的制度压力和来自市场的制度压力之间的短期冲突

在我国目前的环境状况下,政府制度一方面会通过强制性的规制,要求企业在生产过程中降低环境污染,禁止胡乱排放、只排放不治理等违反法律法规的不合法现象的发生;另一方面,会通过激励性的规制,通过补贴减免税收的方式鼓励企业进入环保行业。因此,在这样的政策引导下,企业会采取措施进行环保绿色创新,以遵循政府制度。一方面,传统的制造企业为了规避惩罚,会改进已有的传统落后的工艺,通过引进先进的技术和设备,减少排放;另一方面,一些企业会受政府补贴政策的吸引,进入环保行业。

但是从本土市场的实际情况来看,会造成两方面的冲突。

一方面,通过控制成本实现价格低廉是市场规范的要求,而对响应政府强制性规制压力进行工艺改进的本土企业而言,为环保技术创新投入的先进设备造成了沉重的经济负担,这些企业不得不将这方面的投入折算进成本,从而造成成本增加,这和市场规范相冲突。在政府制度压力下,企业要想实现绿色生产,就要创新生产过程,引进人才、技术和先进的科技设备,一些稀缺资源还需要从国外进口。引进这些技术、资源、人才对一个企业来说是需要极其雄厚的资金作为基础的,一般的小企业是不具备这样的经济基础的。即使政府会给予企业资金上的支持甚至是技术上的支持,但是技术创新是一个耗时长、投资大、风险大的项目,对于企业来说需要有足够的承受能力,最后造成的结果可能就是成本增加,成本增加会直接表现在价格上。当一个产品的价格上升,从市场规律来说是会导致需求下降的,这样不利于企业资金的回收。

另一方面,市场的规则鼓励自由竞争、优胜劣汰。而响应政府激励性规制压力进入环保行业的本土企业往往依靠于政府补贴。我国光伏产业的兴衰就是典型例子。政府的补贴是远远不能够对企业价格进行补偿的,虽然可以通过消费者进行转移,但它是以溢价的价格转移的,这与市场制度压力下要求企业控制成本、实现价格低廉的市场规范是相互冲突的。这也与市场制度压力下要求生产高质量的价格合理的产品是相冲突的。

4.2.2 来自政府的制度压力和来自市场的制度压力之间的长期融合

如前文所述，短期内，政府规制和市场规范之间存在着冲突，但是随着高管环境伦理的不断增强，从长远的角度看，政府规制和市场规范对企业的作用也可实现融合。高管环境伦理主要源于他们自己对于环境保护的认知、经验及他们对具体情况的判断和解读，是价值观层面的概念。（潘楚林等，2016）

当具有较高环境伦理的制造企业高管将来自政府的强制性规制压力视为机会时，就会将绿色生产纳入战略高度去考虑，探索既能够减少对环境的污染，又能够提高企业的劳动生产率及资源利用率的生产方式。经过这种主动的尝试，企业的生产成本从长远看反而减少，使得企业的经营绩效和财务绩效均有提高。

除此之外，当具有较高环境伦理的制造企业高管将来自政府的激励性规制压力视为机会时，就会将进入环保行业视为长远发展的方向，而非简单地将从政府处获得短期补贴作为牟利手段，会考虑市场规律，基于客户需求进行产品创新。与此同时，再加上环保创新会得到政府的大力扶持及相关政策的支持，企业在新领域的发展将更加有前景。在这个过程中无疑会给企业带来更多的利益，从而使得企业的绩效有所提高。

在我国情境下，来自政府和市场的制度压力会影响高管环境伦理的形成。当政府的制度压力越大，即出台相关的政策，以及有关部门执法越来越严格，对污染严重的企业严厉打击时，高管会逐渐意识到环保的重要性，从而在环境的影响下改变价值观，采取措施使企业进行环保技术创新，以此来达到政府的要求，使得企业得以顺利的发展。此外，政府的奖励政策也能够吸引高管进行企业环保技术创新。市场规范也可以协助塑造高管的环境伦理，因为客户的思维方式和价值偏好将会对企业价值偏好起到直接作用。当高管注意到客户倾向于绿色环保产品时，他们会采取措施进行绿色环保创新,以满足客户的需求。在这个过程中,他们的价值观会逐渐得到塑造。除此之外,当市场中其他竞争企业可以通过环保技术创新获利时,原本不具有环境伦理的企业也会逐渐重塑价值观,模仿竞争企业的行为,进行环保技术创新。因此,虽然短期内,来自市场的制度压力和来自政府的制度压力会出现冲突,但从长远来看,随着两者共同对高管环境伦理产生影响,来自政府的规制压力和来自市场的规范压力可以实现融合。

第5章　多重制度压力对我国制造企业环保技术创新作用的比较[①]

5.1　问题的提出

在"创新驱动→环保创新启动"的转型经济情境下，提高我国制造企业环保技术创新水平具有重要的现实意义。由于环保创新的外部性，"政府失灵"和"市场失灵"是各国制造业常见的问题。作为制度环境的重要部分，政府和市场间的协同是解决问题的关键。

针对"政府和市场如何协同驱动制造企业环保技术创新"的问题，现有理论已具有一些基础，但尚未完全回答。企业环保技术创新，是指企业实施避免或降低对环境的伤害的技术创新，包括环保产品创新和环保工艺创新。(Berrone et al.，2013)本概念来源于绿色创新理论和三重底线原则。绿色创新也常被称为"生态创新""环保创新"等(张钢等，2011)；三重底线原则认为，企业能否持续发展，需要始终坚持经济、社会和环境三重底线，满足三种绩效的最低标准(Elkington，1998)。如环境底线为政府对产品强加的最低环境标准，社会底线为产品安全与健康的最低标准等。(杨光勇等，2011)相比于传统的创新理论研究，环保技术创新不仅强调技术创新的经济效应，还强调技术创新的生态环境效应。具有环保技术创新的企业，有能力在实施产品或工艺创新行为时，避免或降低对环境的伤害。制度理论、利益相关者理论和认知理论分别从组织外部和内部视角，为环保技术创新水平提高的奠定了基石。基于制度理论，政府和市

---

① 本章内容部分已发表，见陈力田：《企业技术创新能力对环境适应性重构的实证研究》，《科研管理》2015年第36卷第8期，第1—9页。

场共同组成企业所处的客观制度环境，对企业行为和能力有决定性效度。企业若要生存，必须要具有产生符合制度环境要求的合法性的行为的能力。(Magali et al.，2008)企业创新绩效提高的前提是技术创新能力与环境相适应。新古典经济学认为，遵循环保政策会增加企业成本，抵消环保给社会带来的积极效应，对经济增长产生负面效果。但 Porter 等学者认为，环境规制可促使企业进行更多的创新活动，抵消成本的增加并提高企业市场营利能力，这就是著名的波特假说。利益相关者理论和认知理论提出制度压力概念，深化了企业对制度环境的遵循反应机理。基于利益相关者理论和认知理论，创新行为是企业对外部环境的反应，缘起于制度压力，即对客观制度环境的主观感知。(Scott et al.，2008)在我国以转型经济为重要特征的情境下，企业需特别关注来自政府的规制压力和来自客户的规范压力。(宋铁波等，2011)规制压力是企业感知到的政府以规则、制裁、奖励等手段对企业施加的压力，包括强制性环境法律法规(如污染控制标准、产品禁令等)及优惠政策(如补贴、税收等)；规范压力是企业感知到的客户以价值体系等手段对企业施加的压力。(Scott et al.，2008)需要强调的是，转型经济情境中政府组成和市场组成互动频繁(Magali et al.，2008)，因此在促进企业环保技术创新水平提高的过程中，规制压力和规范压力之间的交互不容忽视。

但，该领域仍存在研究缺口亟须填补。①相对于制度理论中所强调的制度环境引发的“组织同构”，感知到的制度压力的不同会引发“组织异构”。但是不同的制度压力造成的异构程度究竟有何不同，现有研究缺乏不同制度压力及不同制度压力交互间对制造企业环保技术创新作用的比较。(Scott et al.，2008)②感知到的制度压力的不同会引发企业“组织异构”，但其异构作用效果仍受企业内部权变因素的影响。在制度压力和环保技术创新间关系的权变因素上，现有研究多侧重高管即认知、态度层面的变量即认知和意愿等，缺乏对动态能力基础的考虑。(Colwell et al.，2013)而实际上，战略柔性作为一种重要的动态能力，包括多用途的柔性资源和将资源灵活运用的能力，对处于动态环境下的中国制造企业环保技术创新行为而言格外重要，是制度压力对企业环保技术创新起作用的重要条件。将制度理论和动态能力观相整合，引入战略柔性这一权变因素，有助于填补该缺口。(Scott et al.，2008)③现有研究多关注企业所处的客观制度环境,并用客观指标及数据进行测量。(张艳磊等,2015;王书斌等,2015)但影响企业行为的是对客观环境的主观感知,故对于企业环保技术创新,相比于客观制度环境,主观感知的制度压力是近因。上述缺口导致驱动制造企业环保技术创新水平提高的制度压力和企业能力不明。(Crilly et al. ,2012;Kam et al. ,2013)

综上所述,实际和理论问题的交集为:在资源稀缺的情况下,为提高制造企业环保技术创新水平,政府和市场应协同驱动产生何种制度压力。基于此,本书提出研究问题:在战略柔性的调节下,制度压力对制造企业环保技术创新的作用比较。本书基于转型经济中 260 家中国制造企业数据对该问题进行实证研究,填补已有的研究缺口。

5.2 理论框架和假设提出

5.2.1 制度压力对制造企业环保技术创新的作用比较

(1)规制压力和规范压力对制造企业环保技术创新的作用比较

大多数研究认为,规制压力和规范压力都会促进制造企业环保技术创新水平的提高。首先,在规制经济学领域,Porter(1996)最早提出规制型制度会带来企业创新和竞争优势。Berrone et al. (2013)从合法性视角切入,进一步认为感知、遵循规制压力的企业能缩短和竞争者的合法性缺口,防止因违背政府规制带来的惩罚,进而获得经济效益。(Hansen et al. ,2012)但是,"波特假说"对市场因素的考虑不够充分,难以解释企业面临同一政策环境的异质性表现。基于制度理论,制度压力不仅来源于政府,还来源于市场。规范压力是制度压力的重要组成部分,对制造企业环保技术创新亦会产生积极影响。随着客户环保意识的增强,通过实施环保创新提供环境友好型产品日益成为行业规范。(Berrone et al. ,2013)企业正试图通过环保友好型创新来满足或超过客户的标准。(Jonsson et al. ,2009;Andres et al. ,2009)作为重要利益相关者,客户可触发内部的对立和斗争,形成有利于环保技术创新的环境。(Hart et al. ,2011)如为迎合客户环保需求,部分企业研发或采用无氟环保技术,用于无氟冰箱和空调等新产品的开发。

虽然现有文献多认为两种制度压力均正向影响环保技术创新,但两者的作用程度却是有显著差异的。Taylor et al.(2006)及 Jaffe et al.(2005)认为,规范压力比规制压力更能促进企业环保技术创新。基于新古典经济学理论,企业在行动前会评估和比较行动的成本和收益。(Suchman,1995)如在决定是否采取由政府授权的污染控制标准时,组织会将顺从规制所带来的成本(如环保制造工艺投资)和收益(如获得政府环保财务补贴或维持良好公众形象,以及和政府、客户维持好的关系带来的其他收益)相比较,进而决定是否顺从制度压力做出环保行为。(Oliver,1997)故企业顺从制度压力而提高环保技术创新水平的行为,并非仅为单纯地促进社会福利,而是为了企业利益最大化。(Colwell et al.,2013)因此,分析比较顺从不同种类制度压力带来的企业"成本-收益比",有助于比较不同类型制度压力对企业环保技术创新的影响作用。(Colwell et al.,2013)

在面临规制压力时,环保政策虽刺激企业对环保技术的需求,但环境问题所固有的负外部性减少了研发者回报,削弱了企业环保技术创新动力。而且我国相关环保法律法规的执行有待进一步完善。为获得最大收益,企业往往会选择"回避型"合法性选择策略,采用"说一套做一套""浑水摸鱼"的方式来应对规制压力,从而以最小的成本应对政府的规制。(Crilly et al.,2012)

相比之下,政府之外的利益相关者也会行使自己的权利对企业进行监督,来自市场的经济手段能比环境规制更加有效地刺激企业进行环保技术创新。(迟楠,2013;杨东宁等,2005)规范压力不似规制压力具有一定的被动强制性,企业对客户需求的满足更多的是主动自发行为。因此顺从规范压力提高环保技术创新水平的可能性较大。故本书提出:

H1:与规制压力相比,规范压力对制造企业环保技术创新的正向作用更强。

(2)规制压力与规范压力的交互和规范压力对制造企业环保技术创新作用的比较

对于企业环保技术创新,来自政府的规制压力是外部推动力,来自客户的规范压力是内在驱动力。(Horbach et al.,2012)内外动力的结合能更好地促进企业进行环保技术创新。(Rennings et al.,2011)故规制压力与规范压力的交互对企业环保技术创新产生的积极影响,会比规范压力更大。

在面临高规制压力的情况下：一方面，若无规范压力，企业仅会权衡遵守规制压力带来的合法性收益（如获得政府的奖励）和成本（如环保制造工艺投资）之间的差距；另一方面，若有规范压力，顺从规制压力比不顺从规制压力所带来的成本会更小（虽需进行环保制造工艺投资，但亦可避免来自市场的惩罚），且顺从规制压力比不顺从规制压力的收益更多（不仅可获得政府奖励，还有来自市场的正反馈）。

在面临高规范压力的情况下：一方面，若无规制压力，企业仅会权衡遵守规范压力带来的合法性收益（如来自市场的正反馈）和成本（如环保制造工艺投资）之间的差距；另一方面，若有规制压力，顺从规范压力比不顺从规范压力所带来的成本会更小（虽需进行环保制造工艺投资，但亦可避免来自政府的惩罚），且顺从规范压力比不顺从规范压力的收益更多（不仅可获得来自市场的正反馈，还可获得政府奖励）。

综上所述，环保技术创新的双重正外部性（环保溢出和知识溢出）带来的成本是阻碍企业进行环保技术创新的原因。（Wagner，2008）而相比于仅有规范压力的情况，规制压力和规范压力都高时，企业环保技术创新的双重正外部性带来的合法性更容易实现对政府和客户资源的获取，增加企业进行环保技术创新的收益，进而提高创新的积极性。政府虽可通过专项补贴提高企业环保技术创新的积极性，但不能给予完全补偿，否则企业环保技术创新的费用将变成由政府支付。故需要客户通过绿色产品溢价对企业环保技术创新行为给予补偿，但所增加的额外成本亦无法完全转移给消费者，否则会降低环保产品的市场竞争力。（King，2008）因此，规制压力与规范压力的交互会对企业环保技术创新产生积极影响，且其作用会比规范压力来得更大。故本书提出：

H2：与规范压力相比，规制压力与规范压力的交互对制造企业环保技术创新的正向作用更强。

5.2.2 战略柔性对制度压力和制造企业环保技术创新间关系的调节作用

关于制度压力对企业环保技术创新起作用的条件，学界多从资源基础观的角度出发，研究资源禀赋的调节作用。实际上，转型背景下的中国,企业面临的环保方面的制度压力对企业而言是一个新变化。基于动态能力观,在变化环境中保持竞争优势的来源是动态能力。(Teece,2007)战略柔性,作为一种重要的动态能力,包括多用途的柔性资源和将资源灵活运用的能力(Sanchez,1995),对处于动态环境下的中国制造企业环保技术创新行为而言格外重要,是制度压力对企业环保技术创新起作用的重要条件。由于环保技术创新所需的高成本,若企业资源和能力具有较强刚性,无法在短时间内调出资源用于环保技术创新,则有可能不遵从政策,表现出“退耦”行为。(King,2008)当企业柔性资源多且具备能快速调用资源的能力时,企业才会选择遵从政府政策,甚至会主动宣传环保理念意识以获得政府额外的赞扬。(Pedersen et al.,2013)根据资源基础观和动态能力理论,企业的行为反应与其所拥有的资源和能力有关。(Lavie,2006)因此,战略柔性作为表示企业柔性资源和协调资源能力的变量,对企业的行为反应也会形成影响。Berrone et al.(2013)认为,更高的资源冗余能加强与资源提供的利益相关者的关系,即通过影响塑造企业规范制度环境的相关人员,从而降低企业的受限。当企业拥有更高的战略柔性时,柔性资源和发挥资源协同效应的能力,使得企业更加愿意顺从规制压力,以获得来自政府的更大的合法性,从而受到某种程度的保护,以避免经营风险。(苏中锋等,2007)故本书提出:

H3:战略柔性会正向调节制度压力(①规制压力,②规范压力)和环保技术创新的正向关系,即战略柔性越大,制度压力(①规制压力,②规范压力)对环保技术创新的正向作用效果越强。

5.3 研究设计

5.3.1 研究程序与样本企业分布情况

本书采用问卷调查法(现场、邮寄和电邮),通过校友、商会等渠道,在2013年1月至2015年11月这段时间收集数据,调研企业。调研范围涵盖了长三角地区(浙江、江苏、安徽、上海)及福建省10多个城市的630家企业。为避免共同方法偏差,本书采用多返回问卷。规制压力、规范压力和战略柔性部分由总经理作答;环保技术创新部分由副总经理作答。采用Likert 5点量表,即从“1—非常不同意”到“5—非常同意”表示不同程度。

剔除质量不高的问卷后剩下 260 份有效问卷，有效回收率为 41.3%。调研企业基本覆盖了不同行业、产权和规模特征（表 5-1），具有较强的代表性。

表 5-1 样本企业特征分布情况

行业特征			产权特征			企业规模特征		
类型	数量	占比	类型	数量	占比	类型	数量	占比
高技术行业	181	69.6%	国有独资企业	18	6.9%	100 人以下	87	33.5%
非高技术行业	79	30.4%	中外合资企业	20	7.7%	100～500 人	82	31.5%
			外商独资企业	30	11.5%	500～1 000 人	42	16.2%
			民营企业	189	72.7%	1 000～2 000 人	36	13.9%
			集体企业	2	0.8%	2 000 人以上	13	5%
			其他类型企业	1	0.4%			

5.3.2 研究变量

自变量为规制压力和规范压力。规制压力和规范压力虽已被研究多次，但却鲜有同时包括两者的基于问卷调查的实证研究，Colwell et al.(2013)首次开发了同时测量规制压力和规范压力的量表。本书采用了该量表来测量规制压力和规范压力。因变量为环保技术创新。本书借鉴了 Kam et al.(2013)所使用的量表。调节变量为战略柔性。本书借鉴了 Zhou et al.(2010)所使用的量表，关注于根据环境需求变化灵活配置和协调资源。量表详见表 5-2。在控制变量方面，借鉴已有文献（Werner et al.,2013），包括企业产权性质、行业特征及企业规模三个因素。控制变量均被设为虚拟变量，按产权性质分为民营企业和非民营企业，将民营企业赋值为 0，将非民营企业赋值为 1。按行业特征分为高技术行业与非高技术行业，将高技术企业赋值为 0，将非高技术企业赋值为 1。企业规模为连续变量，包含 5 个等级[100 人以下，100～500 人，500(包含 500)～1 000 人，1 000(包含 1 000)～2 000 人，2 000 人以上]，赋值从 1 到 5。

5.3.3 统计分析

本书首先采用 AMOS 17.0 软件进行验证性因子分析；然后采用 SPSS 19.0 软件进行描述性统计和相关性分析；接着分层回归分析比较

规制压力、规范压力，以及规制压力与规范压力的交互三者对环保技术创新的作用(陈力田，2015)；最后运用层级调节回归检验战略柔性在规制压力和环保技术创新关系，规范压力和环保技术创新关系，以及规制压力与规范压力的交互和环保技术创新关系中的调节作用。因为本书目的为比较不同解释变量对被解释变量的影响，所以表中回归系数为标准化回归系数。(陈力田，2015)

5.4　实证结果与分析

5.4.1　问卷的信度与效度检验

信度与效度检验结果见表 5-2 和表 5-3。Cronbach's α 均超过 0.7，说明信度较好。规制压力、规范压力、战略柔性和环保技术创新组成的四因子模型中载荷数值均>0.4，且拟合度指标(χ^2/ df=2.800，RMSEA=0.070，TLI=0.937，CFI=0.954)均达到了较高的标准，说明本书所用的四个变量具有良好的区分效度。

表 5-2　验证性因子分析：信度与测量题项的因子载荷(*N*=260)

因子	测量题项	载荷值
规制压力 Cronbach's α=0.864	1. 企业若不符合法定污染标准，将面临法律诉讼威胁	0.714
	2. 企业都意识到对环境不负责任的行为会引发罚款和惩罚	0.905
	3. 企业若违反了环保法律，后果可能包括政府部门的通报批评	0.838
	4. 若被发现未遵守国家环保法律规定，将给企业带来严重后果	0.916
规范压力 Cronbach's α=0.917	1. 我们的行业市场贸易协会/专业协会鼓励企业的环保行为	0.947
	2. 我们行业中客户希望本行业内企业对环境负责	0.927
	3. 对环境负责是企业进入本行业市场的一项基本要求	0.906
战略柔性 Cronbach's α=0.973	1. 我们企业能为多样化的产品灵活地配置营销资源(包括广告、促销和分销资源)	0.939
	2. 我们企业能为制造多样化的产品灵活地配置生产资源	0.948
	3. 我们企业能为产品的多样化应用灵活地进行产品设计(如模块化产品设计)	0.949
	4. 我们企业能针对特定产品及其细分目标市场特征，重新定义产品策略	0.948

续　表

因子	测量题项	载荷值
战略柔性 Cronbach's α=0.973	5. 我们企业能在产品的开发、生产和交付过程中，灵活地重新配置资源链	0.945
	6. 我们企业能灵活有效地重新配置组织资源，以支持产品策略	0.912
环保技术创新 Cronbach's α=0.969	1. 我们企业的新产品使用了对环境污染较少或无污染的材料	0.790
	2. 我们企业的新产品采用环保包装	0.902
	3. 我们企业在设计新产品时，考虑到了对产品的回收和处理	0.887
	4. 我们企业的新产品使用了再生材料	0.889
	5. 我们企业的新产品使用了可回收材料	0.901
	6. 和竞争对手相比，我们企业的生产工艺消耗了较少资源（如水、电）	0.827
	7. 我们企业的生产工艺循环使用或再造了一些材料或零件	0.853
	8. 我们企业的生产工艺使用了更清洁的技术或可再生技术，以达到节能效果	0.922
	9. 我们企业重新设计生产作业流程，以提高环保效率	0.938
	10. 我们企业重新设计和改进我们的产品或服务，以满足新的环保标准或指令	0.935

表 5-3　验证性因子分析：区分效度（N=260）

模型	因子	χ^2	df	χ^2/df	RMSEA	TLI	CFI
模型 1	4 因子：RP；NP；SF；ETIC	557.222	199	2.800	0.070	0.937	0.954
模型 2	3 因子：RP＋NP；SF；ETIC	1 161.339	202	5.749	0.114	0.833	0.878
模型 3	3 因子：RP＋SF；NP；ETIC	1 211.127	202	5.996	0.117	0.825	0.872
模型 4	3 因子：RP＋ETIC；NP；SF	1 198.281	202	5.932	0.116	0.827	0.873
模型 5	3 因子：RP；NP＋SF；ETIC	1 144.583	202	5.666	0.113	0.836	0.880
模型 6	3 因子：RP；NP＋ETIC；SF	1 112.466	202	5.507	0.111	0.842	0.884
模型 7	3 因子：RP；NP；SF＋ETIC	1 475.952	202	7.307	0.131	0.779	0.838
模型 8	2 因子：RP＋NP；SF＋ETIC	2 076.870	204	10.181	0.158	0.678	0.762
模型 9	2 因子：RP＋SF；NP＋ETIC	1 757.268	204	8.614	0.144	0.733	0.803
模型 10	2 因子：RP＋ETIC；NP＋SF	2 130.290	204	10.443	0.161	0.669	0.755
模型 11	1 因子：RP＋NP＋SF＋ETIC	2 658.245	205	12.967	0.181	0.580	0.688

5.4.2 描述性统计与相关分析

相关系数矩阵如表5-4所示。规范压力与环保技术创新的相关系数为0.211($p \leqslant 0.01$)，大于规制压力与环保技术创新的相关系数($r=0.172$，$p \leqslant 0.01$)。战略柔性与规制压力、环保技术创新也显著相关，相关系数分别0.138和0.126($p \leqslant 0.05$)。规制压力和规范压力也显著相关($r=0.249$，$p \leqslant 0.01$)。此外，除企业规模外($r=-0.132$，$p \leqslant 0.05$)，其余控制变量都与环保技术创新无显著相关关系。

表5-4 各变量的描述性统计与相关分析($N=260$)

变量	平均值	标准差	1	2	3	4	5	6	7
1.行业类型	0.304	0.461	1						
2.产权	0.273	0.447	0.027	1					
3.企业规模	2.269	1.260	−0.008	−0.049	1				
4.规制压力	2.876	0.655	0.091	0.076	−0.053	1			
5.规范压力	1.997	0.710	−0.002	0.100	−0.007	0.249**	1		
6.战略柔性	2.592	0.810	0.067	−0.052	−0.009	0.138*	0.042	1	
7.环保技术创新	2.481	0.620	−0.038	0.100	−0.132*	0.172**	0.211**	0.126*	1

注：***表示 $p \leqslant 0.001$，**表示 $p \leqslant 0.01$，*表示 $p \leqslant 0.05$，双尾检验。

5.4.3 制度压力对制造企业环保技术创新的作用比较

借鉴已有研究，本书采用分层回归分析法进行比较研究，通过比较不同自变量对因变量的回归系数和进入模型后的方差变化这两个因素，得到规制压力、规范压力以及规制压力与规范压力的交互三者对环保技术创新的作用的比较结果。首先，标准化变换各变量数值，采用强迫进入法分四步进行回归，见表5-5。由模型4知，规制压力对环保技术创新的作用不显著($\beta=0.102$，$p>0.05$)，规范压力对环保技术创新有显著正向作用($\beta=0.142$，$p \leqslant 0.05$)，规制压力与规范压力的交互对环保技术创新有显著正向作用($\beta=0.209$，$p \leqslant 0.001$)。为进一步检验规制压力、规范压力，以及规制压力与规范压力的交互三者对环保技术创新的正向作用的递增效果是否显著，将规制压力、规范压力以及规制压力与规范压力的交互逐一放入模型，如模型2、3、4所示，模型的 ΔR^2 都显著且递增。规制压力进入模型后，解释了环保技术创新2.6%的方差变化（$\Delta R^2=0.026$，$p\leqslant 0.01$）。规范压力进入模型后，解释了环保技术创新2.8%的方差变化（$\Delta R^2=0.028$，$p\leqslant 0.001$），大于规制压力的作用效果。故与规制压力相比，规范压力对制造企业环保技术创新的正向作用更强。规制压力与规范压力的交互项进入模型后，解释了环保技术创新3.9%的方差变化（$\Delta R^2=0.039$，$p\leqslant 0.001$），大于规范压力的作用效果。故与规范压力相比，规制压力与规范压力的交互项对制造企业环保技术创新的正向作用更强。H1和H2得证。

表5-5　制度压力对环保技术创新的作用及其比较检验（$N=260$）

变量类型	环保技术创新			
	模型1	模型2	模型3	模型4
1.控制变量				
行业类型	−0.042(−0.681)	−0.057(−0.924)	−0.052(−0.860)	−0.047(−0.797)
产权	0.095(1.533)	0.083(1.355)	0.069(1.131)	0.084(1.416)
企业规模	−0.127*(−2.066)	−0.119(−1.956)	−0.121*(−2.010)	−0.119(−2.016)
2.自变量				
规制压力		0.164**(2.679)	0.122(1.951)	0.102(1.579)
规范压力			0.173**(2.781)	0.142*(2.310)
规制压力×规范压力				0.209***(3.341)
R^2	0.028	0.054	0.082	0.121
ΔR^2		0.026**	0.028***	0.039***
F值	2.443	3.671**	4.561***	5.814***

注：(1)括号内为 t 值（t 为样本平均数与总体平均数的离差统计量，下同），***表示 $p\leqslant 0.001$，**表示 $p\leqslant 0.01$，*表示 $p\leqslant 0.05$，双尾检验；(2)因为本书目的为比较不同解释变量对被解释变量的影响，所以表中回归系数均为标准化回归系数[42]。

5.4.4　战略柔性对制度压力和制造企业环保技术创新间关系的调节作用及其比较

本书运用层级调节回归检验战略柔性在规制压力和环保技术创新关

系，规范压力和环保技术创新关系中的调节作用。由模型 5、6、7 得知：第一，规制压力和战略柔性的交互项进入方程，交互项回归系数为 0.042（$p>0.05$），战略柔性并未正向调节规制压力和环保技术创新的正向关系，H3①未得证。第二，规范压力和战略柔性的交互项进入方程，交互项回归系数为 0.220（$p\leqslant0.001$），且解释了环保技术创新 3.9%的方差变化（$\Delta R^2=0.039, p\leqslant0.001$），可知战略柔性正向调节规范压力和环保技术创新的正向关系，H3②得证。具体如表 5-6 所示。

表 5-6 战略柔性对制度压力和制造企业环保技术创新间关系的调节作用及其比较检验（$N=260$）

变量类型	环保技术创新		
	模型 5	模型 6	模型 7
1. 控制变量			
行业类型	−0.053(−0.890)	−0.048(−0.812)	−0.045(−0.772)
产权	0.090(1.508)	0.094(1.574)	0.097(1.644)
企业规模	−0.119(−2.015)	−0.124(−2.082)	−0.118*(−2.023)
2. 自变量			
规制压力	0.104(1.608)	0.101(1.563)	0.080(1.256)
规范压力	0.129**(2.079)	0.132*(2.116)	0.107(1.747)
规制压力×规范压力	0.200**(3.193)	0.192**(2.997)	0.170**(2.706)
3. 调节变量			
战略柔性	0.093(1.560)	0.092(1.538)	0.105(1.788)
4. 交互项			
规制压力×战略柔性		0.042(0.677)	−0.039(−0.591)
规范压力×战略柔性			0.220***(3.430)
R^2	0.130	0.131	0.170
ΔR^2		0.001	0.039***
F 值	5.359***	4.737***	5.698***

注：(1)括号内为 t 值，*** 表示 $p\leqslant0.001$，** 表示 $p\leqslant0.01$，* 表示 $p\leqslant0.05$，双尾检验；(2)因为本书目的为比较不同解释变量对被解释变量的影响，所以表中回归系数均为标准化回归系数[42]。

综上所述,与规制压力相比,规范压力对环保技术创新的正向作用更强;与规范压力相比,规制压力与规范压力的交互项对环保技术创新的正向作用更强;战略柔性并不会正向调节规制压力和环保技术创新的正向关系,但会正向调节规范压力和环保技术创新的正向关系,也会正向调节规制压力与规范压力的交互项和环保技术创新的正向关系。为更形象地说明战略柔性在规范压力和环保技术创新关系中的调节效应,本书按照 Aiken et al.(1991)和 Wu et al.(2013)推荐的方法进行绘图,结果如图5-1显示。

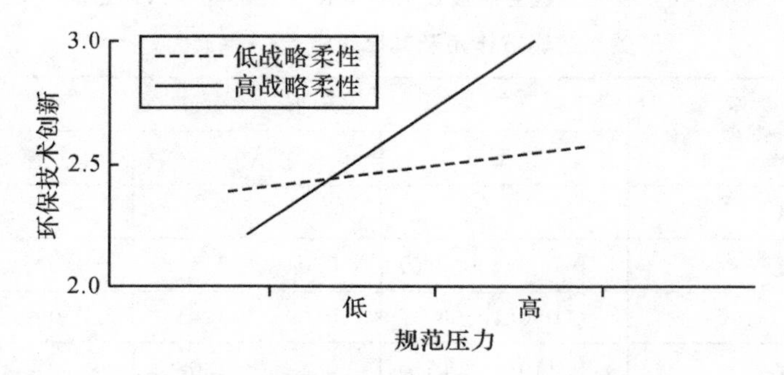

图 5-1　战略柔性在规范压力与环保技术创新关系中的调节效应

图 5-1 显示,在高战略柔性样本组和低战略柔性对照组中,规范压力都对企业环保技术创新有显著正向影响。但是高战略柔性样本组的直线斜率要远远大于低战略柔性对照组的,这说明在战略柔性较高时,规范压力对于环保技术创新的积极作用更明显,进一步验证了 H3②。

5.5　研究结论与启示

5.5.1　研究结论

上述分析表明两点结论。一是,通过制度压力对制造企业环保技术创新的影响比较,本书发现:规制压力、规范压力、规制压力与规范压力的交互项均促进制造企业环保技术创新,且其促进效用递增。二是,关于战略柔性对制度压力和环保技术创新间关系的调节,本书发现:战略柔性会正向调节规范压力和环保技术创新的正向关系,也会正向调节规制压力与规范压力的交互项和环保技术创新的正向关系,但对规制压力和环保技术创新间的关系无调节作用。

(1)结论一：规制压力、规范压力、规制压力与规范压力的交互项均促进制造企业环保技术创新，且其促进效用递增

第一，在规制压力和规范压力对企业环保技术创新促进作用比较上，现有研究存在争论。国外研究普遍认为，与规制压力相比，规范压力对制造企业环保技术创新的正向作用更强；而国内研究则持相反观点。(李怡娜等，2011；李怡娜等，2013)当前背景下，本书证实了前者观点并调节了双方的争论。国内外研究的争论可归因为国内外企业环保技术创新的规范型制度环境不同和国内规范型制度环境的变化。相比于西方国家，我国客户对环境保护的重视起步较晚，企业感知到的来自客户的规范压力并不明显，规范压力对企业环保技术创新并未起到显著的正向促进作用。因此，不同于国外文献，采用基于2010年前数据的国内研究多认为规范压力对企业环保技术创新的作用不显著。(李怡娜等，2011；李怡娜等，2013)而本书进行数据采集的时间是2013年和2014年，该时期的样本企业正处于"创新驱动→环保创新驱动"的转型过程中。近年来，这一转型过程体现在：中国企业的国际化使得国外客户的环保需求给企业创新带来了越来越多的规范压力，经济高速发展带来的环境问题使得国内客户的环保需求逐渐涌现。在该情境下，基于新古典经济学理论和合法性视角，企业在行动前会评估比较行动成本和收益(Benner et al.，2013)，即可分析出企业顺从规范压力带来的"成本-收益比"比顺从规制压力的大。故企业为实现价值最大化，相比于规制压力，更愿意顺从规范压力，提高环保技术创新水平。

第二，在规范压力和规制压力与规范压力的交互项对企业环保技术创新促进作用的比较上，现有研究尚缺。本书发现，与规范压力相比，规制压力与规范压力的交互项对制造企业环保技术创新的正向作用更强。该结论可基于Colwell et al.(2013)的观点进行解释，环保技术创新的双重正外部性(环保溢出和知识溢出)会带来成本，使行为动力减弱。而相比于仅有规范压力的情况，规制压力和规范压力都高时，企业环保技术创新双重正外部性带来的合法性更容易实现从政府和客户处资源获取，从而弥补成本，增加动力。

(2)结论二：战略柔性会正向调节规范压力和环保技术创新的正向关

系，但对规制压力和环保技术创新间关系无调节作用

第一，研究发现，战略柔性会正向调节规范压力和环保技术创新的正向关系。这一结论呼应了 Zhou et al.（2010）提出的研究结论，同时也弥补了战略柔性影响制度压力和环保技术创新间关系的空缺。可从机理层面，归因为以下两点原因。一是战略柔性会增强组织适应性，因为更高的战略柔性促使企业更好地理解和利用外部环境，为了可持续长远发展，企业会更倾向于顺从以获得更大的合法性；二是企业的顺从行为需要付出相应的财务及非财务成本，而战略柔性高的企业承担得起的可能性更大，且顺从行为可以使企业树立良好形象，维持并改善与利益相关者的关系以维持和提高企业的竞争力。

第二，战略柔性在规制压力和环保技术创新间关系的调节作用上，与原先期望相反，研究发现，战略柔性对规制压力和环保技术创新间关系并无显著调节作用。这一结果可归为以下原因：来自政府的规制压力相比于来自客户的规范压力更好应对。从我国当今的法律来看，若不顺从来自政府的规制压力，缴纳罚款、限期整改即可。但若不顺从来自客户的规范压力，将面临订单取消的风险。因此，若有足够的资源，公司更可能将其用于支付罚款，而不是从事高风险的改变产品或工艺的环保技术创新。

5.5.2 理论贡献

本章针对研究缺口，结合制度压力这一外部压力视角和战略柔性这一内部能力视角，考察了企业环保技术创新水平提高的驱动因素和情境因素，对制度理论、动态能力观等领域具有一定理论价值。

第一，相对于制度理论中强调的“组织同构”，本书从认知角度分析了同等制度环境下企业出现异质行为现象的原因。企业行为并非由客观环境直接引发，而是由对客观环境的感知所引发的。因此，对企业环保技术创新而言，相比于客观制度环境，主观感知的制度压力是近因。在同样的制度环境下，感知到的制度压力的不同会引发企业的“组织异构”。但是究竟不同的制度压力造成的异构程度有何不同呢，当前制度压力组合对制造企业环保技术创新作用的比较研究较为缺乏，且为数不多的已有研究尚未达成共识。（李大元等，2015）本书首次实证分析比较了主观感知到的多种制度压力（规制压力、规范压力及规制压力与规范压力的交互）

对环保技术创新的异质性影响,填补了研究缺口。结果发现,规制压力,规范压力,规制压力与规范压力的交互项均促进企业环保技术创新,且其促进效用递增。这意味着,在制造业转型背景下,"规制压力→规范压力→规制压力与规范压力交互"的制度演进,有助于制造企业进行环保技术创新。

第二,感知到的制度压力的不同会引发企业的"组织异构",但其异构作用效果仍受企业内部权变因素的影响。这就需要通过制度理论和其他理论的融合来进行研究,但现有研究在理论融合方面存在不足,仅有不多的研究将制度理论和高阶理论、认知理论结合起来,关注高管环保意识对制度压力和环保技术创新关系的影响;或将制度理论和资源基础观结合起来,关注资源基础、组织冗余对制度压力和环保技术创新关系的影响。(朱庆华,2012;武春友等,2014;李怡娜等,2013)但是,处于转型期的中国企业,动态能力对制度压力和环保技术创新关系有着重要影响。因为外部环境的快速变化,政府和市场对企业环保技术创新的要求正在不断增强,若企业缺乏柔性,则会难以应对制度压力,而选择回避甚至反抗的合法性选择策略,阻碍环保技术创新水平的提高。针对研究缺口,本章融合制度理论和动态能力观,发现战略柔性越强,企业越容易被规范压力所刺激进行环保技术创新。该发现不仅拓展了制度压力和企业环保技术创新间关系的权变因素研究,也强调了来自政府的规制压力和来自市场的规范压力相融合的重要性,增进了对处于同一制度环境中企业采取异质合法性选择策略行为的原因的理解,有助于更深入地解释大规模制度变革背景下组织变革的本质。

5.5.3 实际启示

本章立足于我国制造业"节能、降耗、降低污染"的转型背景,研究政府和市场协同驱动对我国制造企业环保技术创新水平提高的影响,有助于政府和企业制订与市场协同驱动环保技术创新的有效措施,优化制度环境和企业决策。本章实际启示包括两个层面。

第一层面,对于政府。本章发现对我国企业环保技术创新而言,相比于由政府单方产生的单一规制型制度压力,由政府和市场协同产生的规制和规范互补型制度压力更为重要。究其原因在于两方面:一是环保法律和企业感知到的政府规制压力之间存在差距;二是企业认为顺从市场规范压力而从市场得到的“成本-收益比”要大于顺从政府规制压力而从政府得到的“成本-收益比”。因此,对于政府而言,首先在思想意识上,不仅需要重视“纳税大户”的经济绩效,还需重视其社会绩效;其次在法律执行上,亟须通过进一步规范法律执行来缩小环保法律和企业感知到的规制压力之间的差距;最后在与市场协同方面,要加强行业协会和传播媒体的作用,形成市场范围内的规范压力。

第二层面,对于企业。一方面,政府和市场协同产生规制和规范互补型制度压力已成趋势,故企业需要重视政府和市场的环保需求,将提升企业环保技术创新水平列入战略目标。相比于西方国家,中国本土市场的环保需求尚处于潜在需求阶段。但 2013 年起暴发于全国的雾霾已经让公众切身感受到环境污染带来的弊端。环保需求从潜在需求到现有需求的转变是未来市场的重要趋势。基于市场驱动理论,企业若先行于市场,针对市场可能的变化趋势采取主动战略(Proactive Strategy),则有助于比竞争对手更快地引导、满足客户需求,获取可持续竞争优势。另一方面,笔者通过本章研究发现,相比于低战略柔性的企业,具有高战略柔性的企业更倾向于顺从制度压力,提高环保技术创新水平。因此,为了实现环保技术创新水平的提高,资源缺乏的我国企业需要加强战略柔性,注重对资源柔性和协调柔性的培育积累,保证环保战略的实施。

5.6 不足和未来方向

第一,本章在抽样范围、问卷数量方面存在一定缺憾,未来可扩大抽样的范围和数量。第二,本章在细分行业上做得还不够细致,未来研究可具体地把制造业行业根据环境污染轻重的程度划分为重度、中度和轻度污染产业,在行业异质性的基础上比较研究制度压力对上述三种类型产业中制造企业环保技术创新的影响。第三,未来研究可进一步比较研究制度压力对环保产品创新能力和环保工艺创新能力的影响。

第6章　政府和市场协同驱动我国制造企业环保技术创新的案例研究："刺激、响应和机理"[①]

旨在节能、降耗、降低污染的环保技术创新是我国制造业转型的重要方向，政府和市场作为其重要的制度压力来源，两者的协同对驱动制造企业环保技术创新水平提高具有重要意义。在此前的研究中，早期制度理论、利益相关者理论、认知理论等分别从组织外部和内部视角，为环保技术创新机制的研究奠定了基石，但仍存研究缺口。

6.1　问题的提出

环境与经济发展之间的矛盾，是可持续发展战略实施中的突出问题。2013年12月我国遭遇了有PM2.5记录以来最严重的一次大范围、长时间的区域雾霾。因为传统的以"高投入、高消耗、高污染"为特征的经济发展方式在我国制造企业中仍占据主导地位，所以我国制造企业亟须转型。旨在节能、降耗、降低污染的环保技术创新成为我国制造业转型的重要方向。

然而，目前我国制造业存在着环保技术创新不足这一根本问题。笔者调研发现，政府和市场作为本土企业环保技术创新重要的制度压力来源，两者的协同有助于驱动本土企业环保技术创新。在我国，由于传统经济体制原因，政府对企业技术创新活动进行管制的现象较为普遍。若行政干预过多，企业就不能成为技术创新投资、利益分配的主体(Watanabe et al.，2014)，带来的后果是企业缺乏技术创新积极性，造成"政府失灵"现象(Buchanan，1990；Margolis，1989；夏若江，2007)。有

---

① 本章部分内容已发表，见陈力田：《基于"刺激—响应"机制的浙江本土制造企业环保技术创新研究——政府和市场协同驱动》，第四届浙江省之江青年社科学者"经典与当代"学术论坛2016年12月。

学者通过对化学行业的大规模调查研究发现:政府环境法规对企业环保创新有显著的负向影响;若企业直接面向市场,对客户的环保需求动向会比政府了解得更加清楚,反应更加及时。(Eiadat et al.,2008)但若政府干预过少,受利益导向和行为惯例的影响,企业间易产生不利于环保的集体行为,造成"市场失灵"现象。(Jaffe et al.,2005;胡卫,2006)因此,为了防止"政府失灵"和"市场失灵"现象发生于制造企业环保技术创新领域,企业亟须政府干预和市场需求的协同。由上述对现实背景和问题原因的分析可知,研究政府和市场如何协同驱动我国制造企业环保技术创新水平提高,有助于从源头解决我国制造业结构调整的问题,具有很强的实际应用价值。

对政府和市场如何协同驱动制造企业环保技术创新这一问题,现有理论已提供了一些见解和基础,但尚不足以完全回答。早期制度理论、利益相关者理论、认知理论等分别从组织外部和内部视角,为环保技术创新水平提高机制的研究奠定了基石。基于早期制度理论,政府和市场共同组成企业所处的客观制度环境(Magali et al., 2008),企业若要生存,则行为必须遵循制度环境的规定而获得合法性(Castel et al., 2010)。认知理论和利益相关者理论的研究提出制度压力这一概念,进而深化了企业对制度环境的遵循反应机理。该理论认为,企业对外部环境的反应行为缘起于对客观制度环境的主观感知(Scott et al., 2008),制度压力是企业创新重要的驱动力。转型经济背景下的企业常面临来自不同利益主体的异质的制度压力。(宋铁波等,2011)来自政府的规制压力和来自市场的规范压力是制度压力的重要组成部分。(Berrone et al.,2013)但现有研究仍存在三个研究缺口:合法性选择策略对环保技术创新的影响尚存争论 (Berrone et al.,2013; Crilly et al.,2012),缺乏关于不同制度压力之间对企业合法性选择策略作用的比较研究(Berrone et al.,2013),缺乏对合法性选择策略的能力和商业逻辑基础因素的考虑(Berrone et al.,2013; Crilly et al.,2012; Hansen,2012)。上述研究缺口导致驱动制造企业环保技术创新水平提高的合法性选择策略、制度压力和企业能力基础不明,进而导致政府和市场难以协同驱动制造企业环保技术创新。

实际和理论问题的交集集中在:为提高制造企业环保技术创新水平,企业需要采用何种合法性选择策略呢?政府和市场应协同驱动产生何种制度压力,企业需要怎样的战略柔性和商业逻辑来驱动该合法性选择策略的采用。针对该问题,本章采用案例研究方法,依据三大行业(传统制造行业、新能源汽车行业、水处理行业)中六家企业(ZJSD铁塔有限公司、FLT玻璃有限公司、ND电源有限公司、WL电气有限公司、ZD水业有限公司、ZJKC环保科技有限公司)的横纵向对比研究,揭示了驱动制造企业环保技术创新的影响因素(制度压力、战略柔性、环境伦理和合法性选择策略)及其作用机理,弥补了制度理论内部、制度理论和创新研究交叉领域内部,以及制度理论和动态能力观整合领域的研究缺口,具有理论意义;对政府和企业制订措施的实现和市场的有效互动,以及促进制造企业环保技术创新水平的提高具有实际意义。

6.2 文献回顾

企业环保技术创新,是指企业实施避免或降低对环境伤害的技术创新。(Berrone et al.,2013; Kam et al., 2013)早期制度理论、利益相关者理论、认知理论等分别从组织外部和组织内部视角,为环保技术创新水平提高机制的研究奠定了基石。

有学者融合认知理论与利益相关者理论,认为制度压力是企业创新重要的驱动力。特别在转型经济背景下,多重制度压力对企业创新的影响有待深入研究。转型经济正发生着大规模宏观政策制度变革和复杂快速的市场环境变化(Hafsi et al., 2005),企业常面临异质的制度压力。近期,学界亦认为,将来自市场组成(顾客、供应商、竞争者)和非市场组成(政府)的制度压力整合入一个框架来解释组织变革的异质性将更有说服力。对研究政府和市场如何产生多重制度压力,并影响企业创新具有非常重要的作用。

但是现有研究仍存在以下研究缺口。首先,在制度理论研究和创新研究的交叉研究领域,合法性选择策略对环保技术创新的影响尚存争论。(Berrone et al.,2013)虽然大多数研究认为,企业应顺从制度压力促进环保技术创新;但也有一些研究认为,由于环保技术创新需要较多的时间和经济资源投入,企业面临多重制度压力后的回避性“退耦”行为反而会更加有助于企业环保技术创新水平的提高。(Crilly et al.,2012;李怡娜等,

2013)其次,在企业合法性选择策略影响因素的研究中,制度理论内部的研究多侧重单一制度压力(规制压力或规范压力)的作用,缺乏不同制度压力之间对企业合法性选择策略作用的比较研究(Berrone et al. ,2013);制度理论和认知领域的交叉研究多侧重于管理认知、高管意愿等认知、态度层面变量的作用,缺乏对行为能力基础和商业逻辑的考虑(Berrone et al. ,2013; Crilly et al. ,2012;Hansen,2012),而这正是制度变革背景下解释组织变革的关键(Scott et al,2008)。制度理论内部、制度理论和创新领域交叉研究领域内部,以及制度理论和动态能力观整合领域的研究缺口,导致驱动制造企业环保技术创新水平提高的合法性选择策略、制度压力、企业能力基础和商业逻辑不明(Berrone et al. ,2013; Crilly et al. ,2012),进而导致政府和企业难以制订有效措施,实现和市场的有效互动,以促进制造企业环保技术创新水平的提高。

针对上述研究缺口,本章将融合制度理论、创新理论和动态能力观,尝试进行理论间的对话,这有助于更深入地解释政府和市场协同驱动制造企业环保技术创新水平提高的机理。

6.3 研究设计与方法

6.3.1 方法选择

在研究方法选择上,本章采用理论构建式案例研究,而不是理论检验式案例研究。(Yin,2003)原因有三点。第一,本书要回答“如何”的问题,采用案例研究方法是合适的。(Yin,2003)第二,现有文献无法揭示我们提出的研究问题,需要进行理论构建。本章明确了研究问题“为了促进我国制造企业环保技术创新,政府和市场应协同驱动产生何种制度压力,企业需要怎样的战略柔性和商业逻辑来驱动何种合法性选择策略的采用?”将研究问题聚焦可以有效防止分析过程中遭遇海量数据的“淹没”。(Eisenhardt,1989)在借鉴一些已有研究逻辑的同时,为了避免限制研究发现、产生认知偏差,笔者尽量保持开放的心态面对出现的新构念。(Eisenhardt,1989)第三,本章采用的是多案例纵向研究方法,这种方法可以有效解决单案例带来的普适性不足的问题,从而更有助于加深我们对同类事件的理解。(Yin,2003)在多案例分析过程中,本章综合了横向对比研究和纵向对比研究。将案例分析分为三个部分:单案例分阶段分析、单案例跨阶段对比、多案例跨阶段对比。在第一部分,每一个案例的每一个发展阶段都被看作独立整体进行分析。在第二部分,对每一个案例内部的不同发展阶段进行了纵向对比。在第三部分,在前者的基础上对所有的案例进行统一的抽象和归纳。这种多案例研究,能通过分析多个案例之间的异同,并进行逻辑重复来提炼出具有普适性的理论框架,进而获得比单案例更多更深入的理解,提高研究信度和效度。(Eisenhardt,1989;Leonard-Barton, 1990;Johnston et al.,1999;陈国权等,2002)

为了兼顾案例典型性、数据可获得性和研究便利性,本章选择ZJSD铁塔有限公司等六家企业为研究样本。第一,案例典型性。(Eisenhardt,1989)本章关注企业环保技术创新受何因素驱动、驱动机理如何,故所选企业应已具有一定环保技术创新基础。第二,纵向数据可获得性。(Eisenhardt et al.,2000)公司领导层稳定,可保证变量数据的可获得性。第三,案例研究开展的便利性。(Yan et al.,1991)研究组成员与样本企业地理距离较近,且双方关系良好,有利于经常进行实地调研。

6.3.2 研究步骤

Yin(2003)认为,案例研究应分成五个步骤:研究设计、准备收集数据、数据收集、数据分析和案例撰写。其中,研究设计又包含六个子步骤:研究问题界定、理论假设、分析单位确定、形成连接数据、假设的逻辑和解释研究结果的标准。与Yin(2003)相类似,项保华、张建东(2005)将案例研究分为六个步骤:研究问题界定、理论抽象、资料搜集、资料分析、结果比较和案例撰写,其中案例撰写贯穿在整个研究始终。对于理论构建式的探索性案例研究流程,Eisenhardt(1989)提出以下步骤:初始阶段、案例选择、工具和数据来源选择、现场调研和数据分析、命题提出、文献比对及结束。各个步骤的活动和动机详见表6-1所示。

表 6-1 理论构建型探索性案例研究方法步骤

步 骤	活 动	动 机
初始阶段	研究问题定义,不带任何前提假设,测量方式	聚焦灵活的理论、较扎实的测度依据
案例选择	根据案例典型性、数据可得性、研究便利性进行抽样	聚焦于研究问题,提高研究的外部效度
工具和数据来源选择	多数据来源,定性和定量数据相结合,多个观察者相补充	交叉三角验证,整体观察数据,保证观察的客观性
现场调研和分析数据	重叠数据收集和分析,灵活采集数据	快速分析,灵活根据问题调整调查方法
命题提出	在多个案例之间重复为每个构思寻找证据的过程和理论逻辑,寻找"为什么"的证据	完善构思定义和理论效度
比对文献	比较已有文献,分析观点的异同点	提高内、外部效度和所得结论的理论水平
结 束	理论饱和后停止案例分析	案例分析边际效应很小时停止

来源:根据 Eisenhardt(1989)整理。

针对更有助于理论构建的多案例研究,Yin(2003)提出了一个通用结构框架,包括研究设计、单案例数据收集与分析和跨案例分析三个阶段(图 6-1)。

本章综合借鉴 Eisenhardt(1989)和 Yin(2003)的上述过程框架,即总体上按照 Eisenhardt 提出的步骤开展案例研究,先针对已有理论的不足提出研究问题,再综合横向对比研究和纵向对比研究,将案例分析分为三个部分:单案例分阶段分析、单案例跨阶段对比、多案例跨阶段对比。为了增强案例研究的信度和效度,本章重点考虑案例样本选择、思路分析和数据收集三大因素。

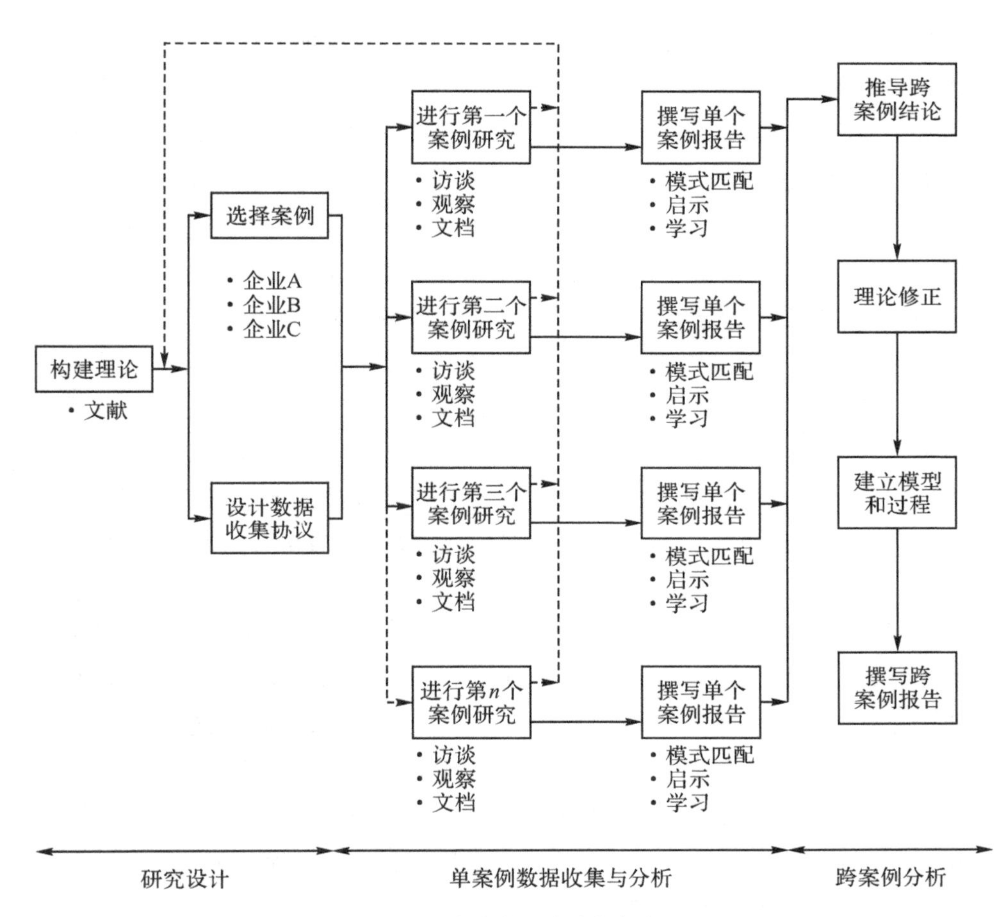

图 6-1 多案例研究分析框架

来源:Yin(2003)。

6.3.3 案例样本选择

由于制造企业环保技术创新在不同企业中常具有较大差异,企业所处环境的动态性也各有不同,采用多案例重复确认和相互比对的方法,有助于获得更具普适性的研究结论。本章在兼顾案例典型性、数据可获得性和研究便利性三因素的基础上,最终选择处于三大行业中的六家企业的横纵向对比研究,揭示了驱动制造企业环保技术创新的影响因素及其作用机理。

第一,案例典型性。(Eisenhardt,1989)本章关注于我国制造企业环保技术创新机理，故所选择的企业需要满足以下特征。①产业代表性。应选择具备我国情境中关于环保的多重制度压力来源特点的行业。传统制造行业、新能源汽车行业和水处理行业的市场导向性非常明显，但在我国情境下又受到政府的规制，能体现我国情境下制造企业环保行为面临的多重制度压力特征。②企业代表性。应选择已具备一定的环保技术创新实践经验，且能够持续发展的企业。ZJSD 铁塔有限公司成立于 1978 年，主要为浙江乃至全国电网建设提供输电线路铁塔、钢管塔和变电所构架，是全国最大的铁塔、钢管塔和变电所构架制造专业公司。因为产品先后出口到美国、西班牙、新加坡等 28 个国家，所以受国外环保规制和市场规范较多，在生态文明上投入很多，是中国机械行业文明单位、浙江省电力公司双文明单位、萧山区文明单位；其环保镀锌技术专利不仅获批，还获得了国家科技进步二等奖。FLT 玻璃有限公司成立于 1998 年，2015 年上市，是一家集玻璃研发、制造、加工和销售于一体的综合性大中型企业，主要产品涉及太阳能光伏玻璃、优质浮法玻璃、工程玻璃、家居玻璃四大领域，以及太阳能光伏电站的建设和石英岩矿的开采，形成了比较完整的产业链。公司不仅在技术创新过程中注重对环境的保护，还主动进入环保行业，在产品选择上注入环保的理念。ND 电源有限公司创建于 1994 年，2010 年上市，主要从事通信电源、绿色环保储能应用产品的研究、开发、制造和销售。WL 电气有限公司创建于 1998 年，2002 年 6 月上市，致力于全球环境保护，发展符合低碳、高效、节能需求的电气产品，并广泛运用于国计民生等各个重要领域。公司集电机与控制、输变电、电源电池三大产品链，产品涵盖各类微特电机及控制、低压电机及控制、高压电机及控制、电源电池及输变设备等 40 大系列 3 000 多个品种，主导产品引领国际国内主流市场并配套诸多国家重点工程项目。ZD 水业有限公司成立于 2002 年，作为中国农村环境综合治理的引领者，致力于农村生态环境的改善，探索以人与自然和谐发展为基础的具有中国特色的农村发展道路，已成功参与了超过 4 000 个村庄的环境治理工作，是国家级高新技术企业，是首批“浙江省科技创新团队”成员之一，也是浙江省“五水共治”技术支撑单位。ZJKC 环保科技有限公司成立于 2008 年，2015 年上市，专业从事以膜分离技术为基础的各类工程应用服务。凭着十多年对膜分离技术的大量基础研究，公司开发了多项用于环保领域的核心技术。

第二,纵向数据可获得性。(Yan et al.,1994)上述六家公司自成立以来,公司领导层稳定,可保证度量企业环保技术创新、能力基础、商业逻辑等变量数据的可获得性。

第三,案例研究开展的便利性。(Yan et al.,1994)①调研便利性。ZJSD铁塔有限公司地处浙江省杭州市萧山区,FLT玻璃有限公司地处浙江省嘉兴市秀洲工业区,ND电源有限公司地处浙江省杭州市西湖区,WL电气有限公司地处浙江省上虞经济开发区,ZD水业有限公司地处浙江省杭州市江干区,ZJKC环保科技有限公司地处浙江省杭州市余杭区。地理位置上都与笔者所在地区相近,并且具有良好合作关系,故非常便于笔者对这些公司进行经常性的实地调研,获得第一手资料。从2014年7月至2016年10月,笔者对上述六家公司进行了跨层次和跨部门访谈。②行业和公开资料获取便利性。FLT玻璃有限公司、ND电源有限公司、WL电气有限公司、ZJKC环保科技有限公司均是上市公司,可便利地从巨潮咨讯网获取公司年报。另外,作为国内领先企业,这六家企业也经常受到新闻媒体的关注报道和学界的探讨,从而便于本书多样化资料的获取和互相印证比较。样本企业基本情况见表6-2。

表6-2 样本企业基本情况

企业	行业	年限	员工规模	所有制	经营情况介绍
ZJSD铁塔有限公司	机械行业	39	1 300余人	国有	主要为浙江乃至全国电网建设提供输电线路铁塔、钢管塔和变电所构架,是全国最大的铁塔、钢管塔和变电所构架制造专业公司
FLT玻璃有限公司	非金属矿物制品业	19	2 000余人	民营	主要从事太阳能光伏玻璃、优质浮法玻璃、工程玻璃、家居玻璃四大产品领域的研发、制造、加工和销售
ND电源有限公司	电池行业	23	1 000余人	民营	专业从事通信电源、绿色环保储能应用产品的研究、开发、制造和销售
WL电气有限公司	电机行业	19	15 000余人	民营	致力于全球环境保护,发展符合低碳、高效、节能需求的电气产品,并广泛运用于国计民生等各个重要领域。公司集电机与控制、输变电、电源电池三大产品链,产品涵盖各类微特电机及控制、低压电机及控制、高压电机及控制、电源电池及输变设备等40大系列3 000多个品种

续 表

企业	行业	年限	员工规模	所有制	经营情况介绍
ZD 水业有限公司	水处理行业	15	500 余人	集体	致力于中国农村环境综合治理工作，已成功参与了超过 4 000 个村庄的水处理工作
ZJKC 环保科技有限公司	水处理行业	9	300 余人	民营	专业从事以膜分离技术为基础的各类工程应用服务，开发了多项用于环保领域的核心技术

数据来源：笔者根据访谈和企业内外部资料整理。

6.3.4 分析思路

由于管理研究是“过去时”式的研究，本章将采取“倒推”的逻辑，先根据企业环保技术创新的时间节点划分阶段(Yin，2003)，再梳理并分析各阶段政府和市场推动企业环保技术创新的机理。

对于 ZJSD 铁塔有限公司，以其环保镀锌技术专利的申请获批作为标志性里程碑事件，从环保技术创新的角度可将公司发展分成两个阶段。阶段一(1978—2005 年)：尚未开展环保技术创新阶段。阶段二(2005 年至今)：开始开展环保技术创新阶段。

对于 FLT 玻璃有限公司，以其从传统玻璃的深加工和贸易转向涉及太阳能光伏玻璃制造行业，并开始重视技术创新过程中的环保作为标志性里程碑事件，从环保技术创新角度可将公司发展分为两个阶段。阶段一(1998—2006 年)：尚未开展环保技术创新阶段。阶段二(2006 年至今)：开始开展环保技术创新阶段。

对于 ND 电源有限公司，以其从传统的通信和高温电池转向用于新能源汽车内部的储能电池，并开始重视技术创新过程中的环保作为标志性事件，从环保技术创新角度可将公司发展分为两个阶段。阶段一(1994—2006 年)：尝试开展环保技术创新阶段。阶段二(2006 年至今)：大力开展环保技术创新阶段。

对于 WL 电气有限公司，以其 2008 年推出用于新能源汽车行业的新能源电机，并在生产过程中高度重视环境保护为标志性事件，从环保技术创新角度可将公司发展分为两个阶段。阶段一(1998—2008年):尝试开展环保技术创新阶段。阶段二(2008年至今):大力开展环保技术创新阶段。

对于ZD水业有限公司,以其开始进入农村市场,以用环保水处理工程的方式参与生态县建设,并在设备制造过程中高度重视环保为标志性事件,从环保技术创新角度可将公司发展分为两个阶段。阶段一(2002—2006年):尝试开展环保技术创新阶段。阶段二(2006年至今):大力开展环保技术创新阶段。

对于ZJKC环保科技有限公司,以其承接南通废水处理项目,并在膜开发过程中注重环保作为标志性事件,从环保技术创新角度可将公司发展分为两个阶段。阶段一(2008—2012年):尝试开展环保技术创新阶段。阶段二(2012年至今):大力开展环保技术创新阶段。

6.3.5 数据收集和构思测度

为了能"三角验证"不同证据,本章使用多来源数据提高信度和效度。(Yin,2003)一是深度访谈。2014年7月—2016年10月,笔者通过实地调研的方式跟踪和回顾样本企业环保技术创新的全过程,进行深入的、分层次的、跨部门的面对面企业人员访谈。保持与关键访谈对象的交流互动和验证,以求数据真实。二是文献资料。通过CNKI、专利数据库和公司年报等检索相关文献、专利、财务数据和公司战略举措。(Yan et al.,1991)

在构思测度上,本章调和两个原则(保持相对松散的概念类别,有利于知识积累)之间的矛盾,在数据和文献不断比较的基础上确定了构思的衡量方式(Ozcan et al.,2009; Eisenhardt et al.,2000),如表6-3所示。通过在访谈资料中搜索相关的语句并将其归类,根据频次得出相关结论。词频等级界定标准如表6-4所示。

表 6-3 相关构思的内涵和测度

构思	维度	测量关键词表	代表学者
制度压力	规制压力	环保政策:环保法律法规,环保奖励政策,污染处罚政策	Colwell et al. (2013)
	规范压力	客户环保需求,行业市场贸易协会/专业协会鼓励企业的环保行为,对环境负责是企业进入本行业市场的一项基本要求	
战略柔性	资源柔性	企业能为多样化的产品灵活地配置营销和生产资源,企业能为产品的多样化应用灵活地进行产品设计(如模块化产品设计),企业能针对特定产品及其细分目标的市场特征重新定义产品策略	Sanchez(1995);Zhou et al. (2010)
	协调柔性	企业能在产品策略执行、产品开发、生产和交付过程中,灵活配置资源链	
环境伦理	环保利他逻辑	公司具有明确和具体的环境政策,公司的预算计划包括对环境投资和采购的关注,公司将环保计划、环保愿景、环保使命与营销事件结合起来,公司将环保计划、环保愿景、环保使命与公司文化结合起来	Chang(2011);Henriques et al. (1999)
合法性选择策略	顺从	顺从制度要求做出行为	Crilly et al. (2012)
	回避	说一套做一套,回避制度要求,按照自己意愿行事	
	操纵	主动改变、重建、控制制度要求,塑造新规范	
环保技术创新	环保产品和工艺	环保专利和获奖;新产品使用了对环境污染较少或无污染的材料;新产品采用环保包装;设计新产品时,考虑到了对其的回收和处理;新产品使用了再生材料;新产品使用了可回收材料;生产工艺消耗了较少资源(如水、电);产品生产过程循环使用或再造了一些材料或零件	Berrone et al. (2013);Kam et al. (2013)

等级是相对概念,故本章按照现有研究惯例,根据案例中的词频对比,采用等分法界定词频等级,如表 6-4 所示。

表 6-4 词频等级界定标准表

词频范围	等级
0～8	低等
9～17	中等
≥18	高等

6.4 单案例跨阶段分析

6.4.1 ZJSD 铁塔有限公司案例分析

如上所述,ZJSD 铁塔有限公司的两个阶段为:阶段一(1978—2005年),尚未开展环保技术创新阶段;阶段二(2005 年至今),开始开展环保技术创新阶段。

6.4.1.1 阶段一:数据分析和评估

第一阶段构念编码及词频等级界定如表 6-5 所示。第一阶段中规制压力出现 14 次,规范压力出现 0 次,即中等的规制压力与低等的规范压力。资源柔性、协调柔性和环境伦理均出现 0 次,分别为低等的资源柔性和低等的协调柔性,以及低等的环境伦理。上述原因使得企业采用了回避型合法性选择策略(回避型合法性选择策略出现 13 次,为中等;顺从型合法性策略和操纵型合法性策略均未出现),导致了低等的环保技术创新(环保技术创新出现 0 次)。

(1)制度压力

本阶段,企业未感知到市场和政府实现的互补式协同。对企业而言,外部制度环境仅产生了单一的规制型制度压力。

①规制压力。在第一阶段,规制压力完全来自政府部门强制性的环保法律法规,包括对其污染处理进行监督及对其生产扩建进行控制。但仅有这方面的压力,对企业环保技术创新行为并不会造成实质性的影响。据访谈资料可知,在第一阶段,政府在监管过程中往往采用罚款方式,而非强令整改方式。这大大减小了来自政府的规制压力,使企业在面临规制压力时选择回避,导致了低等的环保技术创新。

表 6-5　ZJSD 铁塔有限公司第一阶段构念编码及词频等级界定表

构念	类别	词频	等级	结论	典型引用举例	资料来源
制度压力	规制压力	14	中等	中低等	“我们这种生产十万吨规模的企业,一年用水在 50 万至 80 万吨之间,水处理是非常麻烦的,因为里面含一种酸性物质,其中的 COD 指标若达不到二级排放,那么麻烦就来了,环保部门的章不盖下来产品就不能投产。”	I1,访谈资料;S2,搜索引擎;S4,新闻报道
					“政府对我们这个行业设定了限制,企业必须要达到环保的要求,如果达不到就要限制你,例如不批土地给你,不批就没有办法建厂。”	
	规范压力	0	低等		无	无
战略柔性	资源柔性	0	低等	低等	无	无
	协调柔性	0	低等		无	无
环境伦理	利他环保逻辑	0	低等	低等	无	无
合法性选择策略	回避	13	中等	中等回避	“环保创新的成本很高,这样企业利润肯定少了,所以当初就没多注意环保这方面。”	I1,访谈资料
					“我们开会讨论时,很多人都认为环保技术创新的经济效率实在太低,所以对我们来说也是个挑战,跟同行相比,我们利润会较低,那时我们暂时搁浅了这个想法。”	
环保技术创新	环保产品与工艺	0	低等	低等	无	无

②规范压力。在第一阶段,公司主要面向国内市场,对国外市场少有开拓。国内市场追求经济效率最大化,环保意识薄弱。根据传统的生产方式已经能够满足国内顾客的要求,他们极力追求价格优势,高成本的环保技术反而会阻碍市场的开拓,甚至降低产品的竞争优势。因此,市场方面环保意识的薄弱导致公司面临的规范压力仅有低等。在低等的规范压

力下,企业自然会做出经济效率最大化的选择,采用回避型合法性选择策略,导致了低等的环保技术创新。

(2)战略柔性

在第一阶段,一方面,企业并未准备充足的冗余资源(多样化的镀锌技术、专家人才、环保经费等)可用于环保技术创新,资源柔性为低等;另一方面,企业的相关资源在各种用途间的转换成本较高,转换所需的时间较长,协调柔性为低等。因此,企业在面临合法性战略选择时,自然会选择回避策略,减少改变对企业内部的冲击,导致了低等的环保技术创新。

(3)环境伦理

在第一阶段,企业自身对环保技术创新的意识不足,更多地考虑经济利益,而非环境伦理,并没有明确和具体的环境政策,在公司的预算计划中也没有包括对环境投资和采购的关注,也没有将环保计划、环保愿景、环保使命与营销事件结合起来,更没有将环保计划、环保愿景、环保使命与公司文化结合起来。这种低等的环境伦理影响了资源配置的方向,企业在面临合法性战略选择时,采取了回避策略,减少环保压力对企业内部的冲击,导致了低等的环保技术创新。

(4)合法性选择策略

在第一阶段,企业采取了“说一套做一套”的回避型合法性选择策略,在关键时候应付检查。

(5)环保技术创新

在第一阶段,企业并未做出任何环保技术创新行为,无环保技术专利产出,环保技术创新为低等。

(6)变量间关系

根据对多来源资料的整理,可发现企业回避型合法性选择策略会导致低等的环保技术创新。而导致回避型合法性选择策略的原因则包括两方面。一方面,在第一阶段,企业整体的战略柔性和环境伦理都比较差,没能为顺从规制压力进行环保技术创新的行为提供坚实有力的基础。另一方面,企业未感知到市场和政府实现互补式协同,故对企业而言,外部制度环境仅产生了单一的规制型制度压力。在本阶段仅存在来自政府的规制压力,缺乏来自市场的规范压力。在国内市场缺乏环保需求的情况下,仅仅只是面临政府单方面规制压力的企业,仅会权衡顺从规制压力带来的合法性收益(如获得政府的奖励)和成本(如环保制造工艺投资)之间的差距来进行合法性选择策略的选择。在选择过程中,企业会考虑到一定的政府寻租空间而留有侥幸心理,故相比于顺从,企业更愿意采取回避型合法性选择策略,即“说一套做一套,关键时候应付检查”等的方式来减小生存压力,导致了企业环保技术创新的低下。

6.4.1.2 阶段二:数据分析和评估

第二阶段构念编码及词频等级界定如表 6-6 所示。第二阶段中,规制压力出现 15 次,规范压力出现 16 次,即中等的规制压力与中等的规范压力。资源柔性出现 25 次,协调柔性出现 24 次,分别为高等的资源柔性和高等的协调柔性。环境伦理出现 20 次,为高等的环境伦理。上述原因使得企业在面对合法性选择策略时会选择顺从(顺从型合法性选择策略出现 22 次,为高等;回避型合法性策略和操纵型合法性策略均未出现),实现了企业环保技术创新从低等到高等的提升(环保技术创新出现 20 次)。

表 6-6 ZJSD 铁塔有限公司第二阶段构念编码及词频等级界定表

构念	类别	词频	等级	结论	典型引用举例	资料来源
制度压力	规制压力	15	中等	中等	“我们所采用的无水漂洗技术如果要达到一级排放是 7 至 8 吨的水,达到二级排放是 3 至 4 吨的水。”	I1,访谈资料;S2,搜索引擎;S4,新闻报道
					“我们公司在杭州这个旅游城市,如果环保弄不好,政府就要叫你关闭,所以必须要搞这个项目。”	
	规范压力	16	中等		“国外的人,对企业环保这一块非常重视,产品做得再好但是环保达不到他的要求,不行,他就不给你下订单。”	I1,访谈资料;S2,搜索引擎
					“因为环保对于国外来讲就是硬指标,要求非常严格,哪怕是中国大型的国有企业在国外投标投中了,但是他还是要来考察。”	

续 表

构念	类别	词频	等级	结论	典型引用举例	资料来源
战略柔性	资源柔性	25	高等	高等	“我们公司的总工王总是正式科班出身的,毕业于省部钢材大学,专业是金属材料,他对镀锌这块环保技术懂得多,有这方面的特长,那我们公司就把他的岗位调整了一下,让他负责镀锌技术的创新。”	I1,访谈资料;S1,企业网站;S2,搜索引擎;S4,新闻报道
					“我们不是从头研发全新的镀锌配方,而是在原来配方的基础上进行改变和调试,充分利用了已有基础。”	
	协调柔性	24	高等		“我们企业的执行力特别强。上面领导班子决定了做环保技术创新,下面的人就会协调好资源来执行。”	I1,访谈资料;S1,企业网站;S2,搜索引擎
					“公司成立了专门从事环保镀锌技术创新的设计部门,并在试剂调配过程中通过‘师带徒’等活动,让老技术专家能把技术知识在实践中手把手地教给年轻人,并应用到环保镀锌技术创新中去。”	
环境伦理	利他环保逻辑	20	高等	高等	“我们在预算中充分考虑了环境投资和采购,将环保计划、环保愿景、环保使命、营销事件和企业文化结合起来。”	I1,访谈资料;S1,企业网站;S2,搜索引擎
合法性选择策略	顺从	22	高等	高等顺从	“原来在产品镀锌时我们就考虑到排污问题,现在把它改成无水漂洗了,技术试剂研发成功,专利也批了下来。”	I1,访谈资料;S1,企业网站
					“如果我们不采用这个技术,一年就会有50多万吨污水排放到河里,对下游的污染是很严重的。所以我们用了3年的时间,成功开发并应用了环保的镀锌技术。”	
环保技术创新	环保产品与工艺	20	高等	高等	“无漂洗水普通热浸镀锌工艺。”	S2,搜索引擎;S3,专利数据库
					“国家科技进步二等奖。”	

(1)制度压力

本阶段,政府和市场协同产生了规制与规范互补型的制度压力。

①规制压力。在第二阶段,规制压力继续加大,公司在面临厂区扩

建、产能提高局面时，政府会提出新的生产要求。国家对环保的监督执行力度继续加大，环保项目的审批难度加大。新的形势下，公司别无选择，想要获得项目审批，就必须对生产中的污染问题加以解决。此时面临的中等规制压力，对公司做出顺从的合法性选择策略有着促进作用，从而导致环保技术创新的提高。

②规范压力。在第二阶段，一方面，公司经过市场调查发现，国内目前已有 200 多家类似企业，竞争压力巨大，未来继续提升国内市场占有率的难度很大。于是企业决定开拓海外市场以提升自身竞争力，面向国际市场的顾客。然而国外市场的环保意识极高，根据公司以往对海外顾客的分析可知，顾客购买产品的第一要求就是产品环保达标，其次考虑产品的质量和价格。另一方面，为进入国外市场，公司需要接受新的环保准入制度，更需要在互联网塑造企业环保形象，接受舆论的监督。新的市场使公司面临的规范压力大幅提升，从原先低等的制度压力转变为中等的制度压力，企业在合法性选择中更倾向于选择顺从，以此来开拓海外市场。

(2)战略柔性

在第二阶段，企业已经从粗放型的生产模式向集约型转变，不断地在产品技术创新方面有所突破，并申请相关的专利，在国内确定技术领先地位，实现了从原来低等的资源柔性向高等的资源柔性的转变。

在此阶段，企业的管理属于国有和民营相结合的灵活形式。面临市场形势的迅速变化，企业的决策转换更加自如。公司在战略选择、人员调整等方面做到了管理创新，便于企业资源用于不同需求，相关资源在企业内部价值链的各个环节被利用的范围不断增大，甚至资源的转换所需要的时间有所减少，实现了从原来低等的协调柔性向高等的协调柔性的转变。

(3)环境伦理

在第二阶段，公司开始考虑利他的环保逻辑，在预算中充分考虑环境投资和采购，将环保计划、环保愿景、环保使命、营销事件和企业文化结合起来。这种高等的环境伦理使得企业在资源配置时充分考虑环保压力的倾向，在面临合法性战略选择时，选择了顺从策略，积极响应环保压力，导致了高等的环保技术创新。

(4)合法性选择策略

在第二阶段,企业采取了顺从型的合法性选择策略。在面临制度压力时,选择了顺从,开展了环保技术创新行为。

(5)环保技术创新

在第二阶段,环保镀锌技术研发成功并取得专利,获得了国家科技进步二等奖,企业具备了高等的环保创新技术。

(6)变量间关系

根据对多来源资料的整理,可发现企业顺从型合法性选择策略会导致高等的环保技术创新。而导致顺从型合法性选择策略的原因则包括两方面:一方面,在第二阶段,企业整体的战略柔性高,为顺从规制压力进行环保技术创新的行为提供了坚实有力的基础;另一方面,政府和市场通过产生规制与规范互补型的制度压力,对制造企业环保技术创新水平的提高实现了互补式协同效应。同时,企业定位的国外市场重视环保需求,规范压力增强,且国家对于环保的监督执行力度继续加大,规制压力增强。因此,在规范压力和规制压力的共同作用下,企业在计算“成本-收益比”时,将权衡顺从规制和规范互补型制度压力带来的合法性收益(如获得政府的奖励和来自市场的正反馈)和成本(如环保制造工艺投资)之间的差距来进行合法性选择策略的选择。相比于前一阶段面临的单一规制型制度压力,顺从互补型制度压力所带来的净收益会更大(虽需环保制造工艺投资,但可获得政府奖励,还有来自市场的正反馈)。由于来自企业内部的推力(战略柔性)和来自企业外部环境的拉力(政府的规制压力和市场的规范压力)均促使企业采取顺从型合法性选择策略,进而对有效提高环保技术创新水平起到促进作用。

6.4.1.3 总　结

基于数据评估结果,本部分对 ZJSD 铁塔有限公司两个阶段中各个构念及其内在维度间的关系进行了对比分析,结合已有研究归纳出政府和市场协同驱动制造企业环保技术创新水平提高的内在机制。

(1)刺激:两种不同的制度压力对企业合法性选择策略的影响作用对比

据多来源资料可知,由于第一阶段和第二阶段公司面临的制度压力不同,采取的合法性选择策略也有所不同。在第一阶段,公司仅仅面临中等的规制压力，并采用了回避型合法性选择策略来应对。究其原因，除了第一阶段战略柔性和环境伦理不足以为顺从制度压力提供能力和意愿基础外，公司高管还在访谈中提到了顺从规制压力带来的高成本低收益阻碍了企业采取顺从型合法性选择策略的积极性。他说："当时我们企业实在没有意愿来进行环保技术创新，因为专注国内市场，客户也没环保需求。环保技术创新带来的只有成本没有收益，所以我们在政府来检查之前把现场整理好就行。"而在第二阶段，公司不仅面临中等的规制压力，还由于进入环保需求显著的国外市场，面临的规范压力由低等变为中等，公司采用了顺从型合法性选择策略来应对这一制度压力的新变化。究其原因，除了第二阶段战略柔性和环境伦理的提高使得公司有了采用顺从型合法性选择策略的能力基础外，公司高管还在访谈中提到了顺从规范压力带来的高收益低成本提高了企业采取顺从型合法性选择策略的积极性。他说："后来我们之所以要通过环保镀锌技术创新来解决水污染这个问题，就是怕网上曝光公司超标排放，因为外国客户对环保特别重视，他们要是在网上搜到公司的环保不达标，就不会下订单，这样就会影响我们的收益。反之，我们通过环保技术创新把水污染这个问题解决了，外国客户的订单就来了，收益就增加了。"

(2)响应：战略柔性和环境伦理对企业合法性选择策略选择的影响作用

第一阶段和第二阶段的制度压力水平相当，但由于第二阶段的战略柔性和环境伦理强度得到了明显提高，第二阶段中环保技术创新水平实现了由低等到高等的提升，故可知高等的战略柔性更有利于企业采用顺从的合法性选择策略。根据访谈资料可知：第一阶段，由于缺乏战略柔性和环境伦理，即使企业想采取顺从的合法性选择策略也无实施的能力基础，企业不得不采用回避型合法性选择策略来应对制度压力；在第二阶段，企业内部的资源柔性、协调柔性和环境伦理强度都得到了提高，有了高等战略柔性和环境伦理的保证，在利己的趋利商业逻辑和利他的社会福利商业逻辑的混合驱动下，企业采用了顺从型合法性选择策略来应对制度压力。如公司在有了技术保证之后，开展环保技术创新培训，通过实践让员工建立环保创新理念，并在国内率先成立环保技术研发部门，内部推力有效促进了环保技术创新的提升。

(3)机理:两种不同的合法性选择策略对企业环保技术创新的影响作用对比

第一阶段并没有环保技术创新成果,而第二阶段申请了环保技术创新专利,并获得了国家科技进步二等奖,对比鲜明。合法性选择策略和环保技术创新之间的关系本质上是态度和行为的关系,态度对行为有显著的作用。面对制度压力,采取顺从型或者回避型的合法性选择策略,直接影响了是否能产生环保技术创新。第一阶段企业采取的是回避的合法性选择策略,即消极的态度,自然各个方面的行为都会有所削弱。而在第二阶段,企业采取了顺从的合法性选择策略,在各个方面都显得积极。比如在企业内开展创新培训,“边实践边培训”,让创新的思维在各个阶段发散开。积极的合法性选择使得企业派人员到国外考察先进的环保技术,购置新型的废水废气处理系统。由上述可知,相比于回避型合法性选择策略,顺从型合法性选择策略更有利于企业环保技术创新水平的提高。

6.4.2 FLT 玻璃有限公司案例分析

如前所述,FLT 玻璃有限公司的两个阶段为:阶段一(1998—2006年),尚未开展环保技术创新阶段;阶段二(2006 年至今),开始开展环保技术创新阶段。

6.4.2.1 阶段一:数据分析和评估

第一阶段构念编码及词频等级界定如表 6-7 所示。第一阶段中,规制压力出现 12 次,规范压力出现 0 次,即中等的规制压力与低等的规范压力。资源柔性、协调柔性和环境伦理均出现 0 次,分别为低等的战略柔性和低等的环境伦理。上述原因使得企业采用了回避型合法性选择策略(回避型合法性选择策略出现 13 次,为中等;顺从型合法性策略和操纵型合法性策略均未出现),导致了低等的环保技术创新(环保技术创新出现 0 次)。

表 6-7　FLT 玻璃有限公司第一阶段构念编码及词频等级界定表

构念	类别	词频	等级	结论	典型引用举例	资料来源
制度压力	规制压力	12	中等	中等	“政府对玻璃行业有设定环保限制,要建厂企业必须达到环保的要求。”	I1,访谈资料;S2,搜索引擎
	规范压力	0	低等		无	无
战略柔性	资源柔性	0	低等	低等	无	无
	协调柔性	0	低等		无	无
环境伦理	利他环保逻辑	0	低等	低等	无	无
合法性选择策略	回避	13	中等	中等回避	“我们把工厂办在不同的地方,办在环境规制比较小的地方,比如在安徽,办生产基地。”	I1,访谈资料
环保技术创新	环保产品与工艺	0	低等	低等	无	无

(1)制度压力

本阶段,企业未感知到市场和政府实现的互补式协同。对企业而言,外部制度环境仅产生了单一的规制型制度压力。

①规制压力。在第一阶段,规制压力完全来自政府部门强制性的环保法律法规,包括对其污染处理进行监督及对其生产扩建进行控制。但仅有的这方面压力,对企业环保技术创新行为并未造成实质性的影响。FLT 玻璃有限公司董事长秘书接受访谈时提到“政府对玻璃行业有设定环保限制,要建厂企业必须达到环保的要求”。可知,在第一阶段,对于制造过程中的污染现象,政府在监管过程中往往采用罚款方式,而非强令整改方式。这大大减小了来自政府的规制压力,企业在面临规制压力时选择回避,导致了低等的环保技术创新。

②规范压力。在第一阶段,FLT 玻璃有限公司主要面向国内的传统玻璃市场。在传统玻璃市场,客户往往追求经济效益最大化,环保意识薄弱。因此,要满足国内客户的需求,传统的生产工艺就已经足够。在这一阶段,FLT 玻璃有限公司竞争优势的来源主要是价格。因此,公司并没

有投入过多的资源用于环保。市场方面环保意识的薄弱使得公司面临着低等的规范压力。如FLT玻璃有限公司董事长秘书所说:“本阶段环保市场还不是很有吸引力,政府的补贴不多,而且消费者也不太有这方面的需求。”在低等的规范压力下,FLT玻璃有限公司做出了经济效益最大化的选择,采用回避型合法性选择策略,导致了低等的环保技术创新。

(2)战略柔性

在第一阶段,一方面,FLT玻璃有限公司拥有的可用于环保创新等多种用途的资源较少,并没有过多的有助于环境保护的玻璃加工技术、人才储备、环保资金等,具有低等的资源柔性,如FLT玻璃有限公司生产线经理提到“国外企业比国内的成本高,很大一部分原因是他们对劳动保护是有措施的,跟戴防毒面具、生化装置是一样的”;另一方面,如果FLT玻璃有限公司把用于传统玻璃生产工艺的资源转移到环保用途上,则经济和时间上的成本都比较高,因此具有低等的协调柔性。因此,FLT玻璃有限公司采取了回避型合法性选择策略,减少环保规制压力对企业内部的冲击,导致了低等的环保技术创新。

(3)环境伦理

在第一阶段,作为民营企业,FLT玻璃有限公司面临的生存压力很大,因此更多地考虑了经济利益,而非环境伦理,在公司的预算计划中,主要侧重于成本的控制,对非营利的一些投入(如环保投资等)考虑较少,没有设立专门的环保愿景和使命,在企业文化的表述中,也没有特别强调对于环境的责任。这种相对较低的环境伦理使得企业倾向于采取回避型合法性选择策略,进而引发低等的环保技术创新。

(4)合法性选择策略

在第一阶段,企业采取了“说一套做一套”的回避型合法性选择策略,虽然购买了环保设备,但是由于成本等各方面原因并未大规模使用。

(5)环保技术创新

在第一阶段,企业并未做出环保技术创新行为,无环保产品、技术专利和环保工艺改进,因此环保技术创新为低等。如FLT玻璃有限公司高管说:“2006年之前我们这些企业都是按照传统工艺进行玻璃的深加工和贸易的。”

(6)变量间关系

根据访谈资料、上市公司年报、公司网站等多来源资料,可发现企业回避型合法性选择策略会导致低等的环保技术创新。而导致回避型合法性选择策略的原因,既包括企业内部的能力和意愿,也包括企业外部的制度环境。一方面,FLT 玻璃有限公司整体的战略柔性和环境伦理都比较弱,没能为顺从规制压力进行环保技术创新的行为提供坚实有力的基础;另一方面,制度压力方面,仅产生了单一的规制型制度压力。作为生存压力较大的民营企业,FLT 玻璃有限公司在第一阶段的发展中,因为国内市场缺乏环保需求,所以并未进入环保行业,并且对处于已有传统行业内的产品制造的工艺改进方面持保守态度。这是因为公司在权衡顺从规制压力带来的政府奖励和环保制造工艺投资之间的差距之后,采取了回避型合法性选择策略来减小生存压力,导致了较弱的企业环保技术创新。

6.4.2.2 阶段二:数据分析和评估

第二阶段构念编码及词频等级界定如表 6-8 所示。第二阶段中,规制压力出现 25 次,规范压力出现 16 次,即高等的规制压力与中等的规范压力。资源柔性出现 23 次,协调柔性出现 26 次,分别为高等的资源柔性和高等的协调柔性。环境伦理出现 23 次,为高等的环境伦理。上述原因使得企业在面对合法性选择策略时会选择顺从(顺从型合法性选择策略出现 25 次,为高等;回避型合法性策略和操纵型合法性策略均未出现),实现了企业环保技术创新从低等到高等的提升(环保技术创新出现 21 次)。

(1)制度压力

本阶段,政府和市场协同产生了规制与规范互补型的制度压力。政府大力扶持光伏产业,用补贴的方式鼓励企业进入光伏行业,并提高了市场的需求,增强了规范压力。2012 年,在国外市场紧缩的影响下,光伏产业进入了冬天,规范压力伴随着市场需求又出现了降低。这时,政府的补贴再次产生了积极作用。

表 6-8 FLT 玻璃有限公司第二阶段构念编码及词频等级界定表

<table>
<tr><th>构念</th><th>类别</th><th>词频</th><th>等级</th><th>结论</th><th>典型引用举例</th><th>资料来源</th></tr>
<tr><td rowspan="4">制度压力</td><td rowspan="2">规制压力</td><td rowspan="2">25</td><td rowspan="2">高等</td><td rowspan="4">高等</td><td>“从2006年开始,我们涉及太阳能光伏玻璃制造行业。当时在政府的带动下,整个太阳能光伏行业刚刚兴起。”</td><td rowspan="2">I1,访谈资料;S2,搜索引擎;S4,新闻报道</td></tr>
<tr><td>“2014年,是全省第一批光伏示范期,当时补贴成本也高,区补贴1元/瓦。也就是说,十个兆瓦就获得补贴1 000万元。电站做好后开始发电,国家补贴0.42元/度。省里面给我补0.30元/度,这样就有0.72元/度,市补贴0.10元/度,就是0.82元/度。自己发的电全部用掉,因为光伏电大部分都是在白天,白天发的电全部自己用,商业工业用电价格接近1元/度,那等于每发一度电收益一进一出算是1.82元。你算算,六年多就收回成本了,但如果发的电不自己用呢,卖给国家电网呢?”</td></tr>
<tr><td rowspan="2">规范压力</td><td rowspan="2">16</td><td rowspan="2">中等</td><td>“从2006年开始,我们涉及太阳能光伏玻璃制造行业。当时整个太阳能光伏行业刚刚兴起,应用在主件上的风霜玻璃全球只有3家企业可以做,分别在英国、日本和法国,客户的需求缺口很大。”</td><td rowspan="2">I1,访谈资料;S2,搜索引擎</td></tr>
<tr><td>“2012年是比较惨的,是光伏金融危机啊!这是全球金融危机,是光伏双反的一个寒冬。我们也受到了一些影响。但是那年民营企业当中,只有我们一家玻璃企业是盈利的,其他的一些玻璃企业都是亏损的,包括国有企业都是在亏。”</td></tr>
</table>

续 表

构念	类别	词频	等级	结论	典型引用举例	资料来源
战略柔性	资源柔性	23	高等	高等	“在嘉兴这边有3个工厂是我们主要的生产基地。其他地方比如说安徽、香港、上海,包括现在在越南,都有我们的子公司。”	I1,访谈资料
					“这些子公司之间共用着一些企业的资源,彼此之间并不是完全独立的。”	
	协调柔性	26	高等		“我们的浮化玻璃和传统的浮化玻璃是不一样的。我们主要负责加工,它是作为一个中间基板来生产的。它生产出来,我们再做后面的加工。那么后面的生产就衍生出了我们第三个和第四个产品,也就是节能玻璃。”	I1,访谈资料;S1,企业网站
					“我们的节能玻璃也和光伏玻璃有相互关系,产品线的人员也经常在一起交流。这样相互配合速度会快很多。”	
环境伦理	利他环保逻辑	23	高等	高等	“公司发展起来之后,我们在预算方面也进行了调整。在企业文化、战略中也结合了环保的部分,这种变化也体现在我们主营产品的变化上。”	I1,访谈资料
合法性选择策略	顺从	25	高等	高等顺从	“太阳能光伏玻璃,我们算是国内最早开始制造太阳能光伏玻璃的企业之一。所以说这是我们主营的全部产品。最高峰的时候占到我们全部营业额的90%左右,现在是占到70%左右的销售额。”	I1,访谈资料
环保技术创新	环保产品与工艺	21	高等	高等	“我们开始关注一些环保产品,比如太阳能光伏玻璃、低能耗玻璃等。”	I1,访谈资料
					“生产过程中的污染都进行了处理,而且我们通过技术创新,在低能耗玻璃产品上实现了玻璃片数的减半,效果不变。”	

①规制压力。在第二阶段,规制压力继续加大,一方面,政府通过制定政策对进入光伏等环保行业的企业给予大量的补贴。如FLT玻璃有限公司高管在访谈时清楚地算了一笔账:2014年,是全省第一批光伏示

范期,当时补贴成本也高,区补贴1元/瓦。也就是说,十个兆瓦就获得补贴1 000万元。电站做好后开始发电,国家补贴0.42元/度,省里面给我补0.30元/度,这样就有0.72元/度。市补贴0.10元/度,就是0.82元/度。自己发的电全部用掉,因为光伏电大部分都是在白天,白天发的电,全部自己用,商业工业用电价格接近1元/度,那等于我每发一度电收益一进一出算是1.82元/度,你算算,六年多就收回成本了。但如果发的电不自己用呢,卖给国家电网呢?"另一方面,随着国家对环保法律执行力的加大,FLT玻璃有限公司为了通过项目审批,需要对制造过程中的污染问题进行治理。在大幅度的补贴政策、激励规制和环保法惩罚规制作用下,FLT玻璃有限公司决定从传统玻璃制造行业转入环保行业,将光伏玻璃和节能玻璃作为公司的主营业务进行发展,从事环保产品的研发、生产制造和贸易,并在生产过程中高度重视对污染的治理。面临着高等的规制压力,公司选择了顺从的合法性选择策略,促使环保技术创新程度的加深。

②规范压力。在第二阶段,规范压力出现了由强到弱的波动。一方面,在政府制定的政策带动下,环保市场开始蓬勃发展,规范压力增强。光伏产业的兴起让FLT玻璃有限公司看到了商机。如FLT玻璃有限公司高管说:"从2006年开始,我们涉及太阳能光伏玻璃制造行业。当时在政府的带动下,整个太阳能光伏行业刚刚兴起,应用在主件上的风霜玻璃全球只有3家企业可以做,分别在英国、日本和法国,客户的需求缺口很大。"在来自市场的规范压力下,公司开始进入光伏玻璃行业。新的市场使公司面临的规范压力大幅提升,从原先低等的规范压力转变为高等的规范压力,企业在合法性选择中更倾向于选择顺从,以此来开拓海内外市场。另一方面,全球金融危机加上光伏双反使得国外市场紧缩,减小了规范压力。随着产能的扩大,越来越多的企业开始走向国际,对国外的光伏产业产生了冲击。在这种情况下,国外采取了地方保护措施,减少了来自中国的光伏设备的进口量。国外市场的紧缩使得一些大产能企业倒闭。正如FLT玻璃有限公司高管所说:"2012年是比较惨的,光伏金融危机啊! 这是全球金融危机,是光伏双反的一个寒冬。我们也受到了一些影响。"来自政府的规制压力起到了救市的作用,以政策补贴的方式让企业在合法性选择中仍倾向于选择顺从,进行环保技术创新。

(2)战略柔性

第二阶段,在产品上,FLT 玻璃有限公司不断地在产品技术创新方面进行突破,申请了相关专利。在生产工艺上,FLT 玻璃有限公司已用模块化的方式加强对已有工艺资源的复用。FLT 玻璃有限公司此时的战略柔性已经由原来的低等变为了高等。

作为民营企业,FLT 玻璃有限公司对市场需求变化的反应速度很快,根据环保需求,公司调整了战略,并根据新战略调整了人员和资金的配置,进行了组织结构变革。如 FLT 玻璃有限公司高管在接受访谈时说:"在嘉兴这边有 3 个工厂是我们主要的生产基地。其他地方比如说安徽、香港、上海,包括现在在越南,都有我们的子公司。这些子公司之间共用着一些企业的资源,彼此之间并不是完全独立的。"通过这种方式,从产品来看,FLT 的资源可以从原来的传统玻璃产品转变为光伏玻璃产品,技术上具有延伸性,转变用途的成本相对较小。从工艺上来看,公司在上一阶段就已购买的环境治理设备正式开始发挥作用,其通过出售环保产品而从市场上得到的资金资源有助于补贴在产品制造过程中环保工艺带来的成本。在这一阶段,资源的转换所需要的时间减少了,协调柔性已经由原来的低等变为了高等。

(3)环境伦理

在第二阶段,公司开始考虑利他的环保逻辑,在预算中充分考虑了环境投资和采购,将环保计划、环保愿景、环保使命、营销事件和企业文化结合起来。如 FLT 玻璃有限公司董事长秘书在接受访谈时所说:"公司发展起来之后,我们在预算方面也进行了调整。在企业文化、战略中也结合了环保的部分,这种变化也体现在我们主营产品的变化上。"这种高等的环境伦理使得企业在资源配置时充分考虑了环保压力的倾向,在面临合法性战略选择时,选择了顺从策略,积极响应环保压力,导致了高等的环保技术创新。

(4)合法性选择策略

在第二阶段,企业选择了顺从型合法性选择策略。在面临制度压力时,选择了顺从,开展了环保技术创新行为。

(5)环保技术创新

在第二阶段,FLT 玻璃有限公司研发了太阳能光伏玻璃、低能耗玻璃等环保产品,在工艺上取得了突破,通过技术创新,在低能耗玻璃产品上实现了玻璃片数的减半,并积极使用环保设备处理生产过程中的排放,对生产过程中的污染进行了处理,具备了高等的环保技术创新。

(6)变量间关系

根据对多来源资料的整理,可发现企业顺从型合法性选择策略会导致高等的环保技术创新,而导致顺从型合法性选择策略的原因则包括两方面。一方面,在第二阶段,高等战略柔性和高等环境伦理为顺从规制压力进行环保技术创新的行为提供了坚实有力的能力和态度基础。另一方面,政府和市场通过产生规制与规范互补型的制度压力,为制造企业环保技术创新水平的提高实现了互补式协同效应。其一,政府对环保的重视催生并加速了光伏行业的发展,对FLT玻璃有限公司而言带来了逐渐增强的规范压力。其二,企业在国际化过程中,遇到的环保需求比国内更大。这种环保需求不仅是正向的产品供给需求,更是客户对制造过程中环保性的要求。因此,在规范压力和规制压力的共同作用下,FLT玻璃有限公司在计算“成本-收益比”时,一如既往地比较了顺从规制与规范互补型制度压力带来的合法性收益(如获得政府的奖励和来自市场的正反馈)和成本(如环保制造工艺投资)之间的差距,发现顺从互补型制度压力所带来的净收益会更大(虽需环保制造工艺投资,但可获得政府奖励,还有来自市场的正反馈)。此时,来自企业内部的推力(战略柔性、环境伦理)和来自企业外部环境的拉力(政府的规制压力和市场的规范压力)均促使企业采取顺从型合法性选择策略,进而为有效提高环保技术创新水平起到促进作用。

6.4.2.3 总 结

基于数据评估结果,本部分对FLT玻璃有限公司两个阶段中各个构念及其内在维度间的关系进行了对比分析,结合已有研究归纳出政府和市场协同驱动我国制造企业环保技术创新水平提高的内在机制。

(1)刺激:两种不同的制度压力对企业合法性选择策略的影响作用对比

据多来源资料可知,由于第一阶段和第二阶段公司面临的制度压力不同,采取的合法性选择策略也有所不同。在第一阶段,公司仅仅面临中等的规制压力,并采用了回避型合法性选择策略来应对。究其原因,除了第一阶段中的战略柔性和环境伦理不足以为顺从制度压力提供能力和意愿基础外,顺从规制压力带来的高成本低收益阻碍了企业采取顺从型合法性选择策略的积极性。正如 FLT 玻璃有限公司高管所说:“本阶段环保市场还不是很有吸引力,政府的补贴不多,而且消费者也不太有这方面的需求。我们民营企业做不到国外企业或者国有企业那样不计成本。”而在第二阶段,由于政府补贴政策的大力推行,公司面临着高等的规制压力,即便在金融危机和光伏双反的冲击下,仍采用了顺从型合法性选择策略。究其原因,除了第二阶段战略柔性和环境伦理强度的提高使得公司有了采用顺从型合法性选择策略的能力和意愿基础外,公司高管还在访谈中特意算了一笔账,仔细分析了顺从制度压力带来的高收益。

由此可见,政府和市场通过产生规制与规范互补型的制度压力,进而在制造企业环保技术创新过程中产生协同效应,促进企业选择顺从型合法性选择策略。对于企业来说,规制压力不仅包含惩罚性的规制,还有激励式的规制。在规范压力下降的情况下,激励性规制可以起到弥补作用,使企业继续选择顺从制度压力。

规范压力是企业自发追随的制度压力,能激发企业的主动性。同时,规制压力对规范压力的补充,是防止“市场失灵”的重要措施。相比于单一的制度压力,互补和互动型的制度压力更容易激发企业采用顺从型合法性选择策略。

(2)响应:战略柔性和环境伦理对企业合法性选择策略选择的影响作用

高等战略柔性和高等环境伦理更有利于企业采用顺从型合法性选择策略。根据访谈资料可知,第一阶段,由于缺乏战略柔性和环境伦理,即使企业想采取顺从型合法性选择策略也无实施的能力和意愿基础,企业采用回避型合法性选择策略来应对制度压力;在第二阶段,企业内部的资源柔性、协调柔性和环境伦理强度都得到了提高,有了高等战略柔性和高等环境伦理的保证,在趋利和社会福利两种商业逻辑的驱动下,企业采用了顺从型合法性选择策略,通过积极地进入环保市场并进行绿色生产来应对制度压力。

(3)机理:两种不同的合法性选择策略对企业环保技术创新的影响作用对比

第一阶段,FLT玻璃有限公司并没有进入环保行业,且在传统玻璃制造行业内,在产品制造过程中也没有重视对环境污染的治理。而第二阶段,FLT玻璃有限公司不仅加强了对产品制造过程中环境污染的治理,还进入了环保行业,推出了一系列光伏玻璃产品,并申请了大量环保技术创新专利。造成这一转变的重要原因是合法性选择策略的转变。第一阶段,FLT玻璃有限公司选择了回避型合法性策略,即“说一套做一套”的策略来应对制度压力。比如,FLT玻璃有限公司购买了烟气脱硝设备,却很少使用。然而在第二阶段,企业采取了顺从的合法性选择策略,无论是进入环保行业,还是进行绿色生产,都很积极。由上述可知,相比于回避型合法性选择策略,顺从型合法性选择策略更有利于企业的环保技术创新。

6.4.3 ND电源有限公司

由前可知,ND电源有限公司的两个阶段为:阶段一(1994—2006年),尝试开展环保技术创新开始阶段;阶段二(2006年至今),大力开展环保技术创新阶段。

6.4.3.1 阶段一:数据分析和评估

第一阶段构念编码及词频等级界定如表6-9所示。第一阶段中,规制压力出现5次,规范压力出现15次,即低等的规制压力与中等的规范压力。资源柔性、协调柔性均出现0次,分别为低等的资源柔性和低等的协调柔性。环境伦理出现13次,即中等的环境伦理。上述原因使得企业采用了顺从型合法性选择策略(顺从型合法性选择策略出现14次,为中等;回避型合法性选择策略和操纵型合法性选择策略均未出现),导致了中等的环保技术创新(环保技术创新出现13次)。

(1)制度压力

本阶段,企业未感知到市场和政府产生的互补或互动式协同。故对企业而言,外部制度环境仅产生了单一的规范型制度压力。

①规制压力。在第一阶段,企业并未感受到过多来自政府的规制压力。在惩罚方面,政府强制性的环保法律法规的制度执行力受到一定影响。在激励方面,政府尚未通过补贴政策激励企业进入环保产业。ND电源有限公司总工说:“这个时候政府方面还没有太多环保压力,政府的

补贴也很少。”在这样低等的规制压力下，企业并未投入过多资金用于环保技术创新。

表 6-9　ND 电源有限公司第一阶段构念编码及词频等级界定表

构念	类别	词频	等级	结论	典型引用举例	资料来源
制度压力	规制压力	5	低等	中低等	“这个时候政府方面还没有太多环保压力。” “政府补贴很少。”	I1,访谈资料;S1,企业网站;S2,搜索引擎
	规范压力	15	中等		“同行也有在做,我们会跟他们比较。但现在来看,我们不比他们做得差。像水处理,主要是成本的问题,照我们那个方案做的话,成本就会非常高,其他的排放量是最便宜的,这个是最简单的。”	
战略柔性	资源柔性	0	低等	低等	无	无
	协调柔性	0	低等		无	无
环境伦理	利他环保逻辑	13	中等	中等	“对环保方面,应该从更大角度来看,我们做了对公众有益的事情;现在企业上市了,这也算是社会对我们的回报。”	无
合法性选择策略	顺从	14	中等	中等顺从	“当时,公司筹建也是高起点、高质量,还有高技术。所以,公司在引进设备,包括环保这方面一直是做得不错的。”	I1,访谈资料
环保技术创新	环保产品与工艺	13	中等	中等	“实际上,我们公司组建时,整个定位还是比较高的,当时技术也全是进口的,买的是国外的技术。”	I1,访谈资料

②规范压力。在第一阶段，作为一家有环保理念的公司，即便面临着低等的规制压力，ND 电源有限公司仍然对市场中其他组织的环保行为予以关注。如 ND 电源有限公司高管在接受访谈时说：“同行也有在做，我们会跟他们比较。但现在来看，我们不比他们做得差。像水处理，主要是成本的问题，照我们那个方案做的话，成本就会非常高，其他的排放量是最便宜的，这个是最简单的。”然而，本阶段，ND 电源有限公司主要的客户还是追求经济效益最大化的国内客户，客户对环保的要

求并不高。因此总体上,ND电源有限公司面临着中等的规范压力。企业对环保技术创新有投入资金,但并不是非常多,更多关注本企业的环保问题,而对供应商的要求较低。这也是引发2006年供应商污染事件的重要原因。

(2)战略柔性

在第一阶段,企业并未准备充足的资源(多样化的电池生产技术、专家人才、环保经费等)用于环保技术创新,而且企业的相关资源在各种用途间的转换成本较高,转换所需的时间较长。因此,资源柔性和协调柔性均为低等。但是,这并未影响ND电源有限公司尝试进行环保技术创新。

(3)环境伦理

在第一阶段,和国内同行相比,ND电源有限公司就已经具备了较高的环境伦理,如ND电源有限公司总工说:“对环保方面,应该从更大角度来看,我们做了对公众有益的事情;现在企业上市了,这也算是社会对我们的回报。”在公司的预算计划中,已经开始包含对环境投资、环保计划的关注,但是受到资源和能力基础的约束,尚未将环保计划、环保愿景、环保使命与公司文化结合起来。本阶段ND电源有限公司的环境伦理为中等。

(4)合法性选择策略

在第一阶段,企业选择了顺从规范压力的合法性选择策略,在创立之初就开始注重生产过程中的环境保护。如ND电源有限公司总工在接受访谈时说:“当时,公司筹建也是高起点、高质量,还有高技术。所以,公司在引进设备,包括环保这方面一直是做得不错的。”

(5)环保技术创新

公司对自身的技术创新过程中的环保有所投入。如购买了德国进口的水处理设备、国外的污染治理技术,使得在通信和高温电池的技术创新过程中对环境的污染程度降低。

(6)变量间关系

根据对多来源资料的整理,可发现企业顺从型合法性选择策略会促进环保技术创新。这是因为,虽然在第一阶段企业面临的规制压力和战略柔性都较差,但是规范压力强,而且ND电源有限公司具有中等的环境伦理，为顺从规范压力进行环保技术创新提供了一定基础。这说明，在一定条件下，意愿的作用比能力更强，是能力起作用的先决条件。

6.4.3.2 阶段二：数据分析和评估

第二阶段构念编码及词频等级界定如表 6-10 所示。第二阶段中，规制压力出现 24 次，规范压力出现 25 次，即高等的规制压力与高等的规范压力。资源柔性出现 22 次，协调柔性出现 23 次，环境伦理出现 23 次，分别为高等的资源柔性、高等的协调柔性和高等的环境伦理。上述原因使得企业在面对合法性选择策略时会选择顺从（顺从型合法性选择策略出现 22 次，为高等；回避型合法性选择策略和操纵型合法性选择策略均未出现），实现了企业环保技术创新从中等到高等的提升（环保技术创新出现 20 次）。

表 6-10 ND 电源有限公司第二阶段构念编码及词频等级界定表

构念	类别	词频	等级	结论	典型引用举例	资料来源
制度压力	规制压力	24	高等	高等	“2013 年后，国家做了一个行业内的整治活动，力度比较大。”	I1，访谈资料；S2，搜索引擎；S4，新闻报道
					“国家整治后，很多小企业都死了。没有整治之前，浙江有 1 000 多家企业是做电池的，整治完了只有十几家了。”	
	规范压力	25	高等		“2006 年，NGO 机构把我们一个在福建龙岩的供应商污染周边农田的事情捅到了我们国外的一些运营商那里。很快我们遇到了非常大的市场压力，所有的这些供应商都要求我们专门回复这个事情，到底是怎么回事。还有，我们在此过程中，到底承担了哪些责任，怎么去处理这个事情，要明确地说。这个事情没有处理完，没有顺利地解决掉之前，所有的订单全部停掉。”	I1，访谈资料；S2，搜索引擎

续 表

<table>
<tr><th>构念</th><th>类别</th><th>词频</th><th>等级</th><th>结论</th><th>典型引用举例</th><th>资料来源</th></tr>
<tr><td></td><td>规范压力</td><td>25</td><td>高等</td><td>高等</td><td>“我们上市之后,感受到了来自客户的很大压力。”</td><td></td></tr>
<tr><td rowspan="4">战略柔性</td><td rowspan="2">资源柔性</td><td rowspan="2">22</td><td rowspan="2">高等</td><td rowspan="4">高等</td><td>“我们创建了产品平台,因为我们现在的业务和模式,已经发生了很大的变化。原先我们是做单一产品的,现在也要做整个系统,从原来的单专业,到现在非常多的专业结合在一起。产品之间的关联度较高,很多资源都可以相互使用。”</td><td rowspan="2">I1,访谈资料;S1,企业网站;S2,搜索引擎;S4,新闻报道</td></tr>
<tr><td>“高温电池的话,好几个专利都是其他技术组拿过来的。”</td></tr>
<tr><td rowspan="2">协调柔性</td><td rowspan="2">23</td><td rowspan="2">高等</td><td>“2006年从华为回来之后,我把整个研发流程改了,我完全是按照华为的系统进行调整的。做小循环,整个研发的架构有了很多变化,我们后来成立了技术组,以硕士、博士为主,做一些材料和基础性研究。后面在转型的时候,基本上都是在这个组里面进行的,所以这个也算是大的改变的地方,投资也是非常多的。”</td><td rowspan="2">I1,访谈资料;S1,企业网站;S2,搜索引擎</td></tr>
<tr><td>“我们改进了奖励机制,把研发人员跟绩效捆绑在一起,这个是与利益相关的,要共同去推。”</td></tr>
<tr><td>环境伦理</td><td>利他环保逻辑</td><td>23</td><td>高等</td><td>高等</td><td>“在我们看来,环保和安全是企业发展的一条红线。因为这个突破了之后,其他都不行,你连生存都没法生存,所以就是这块,我们觉得一定要去做好,不光是我们自己要做好,可能整个产业链,跟我们相关的,特别是供应商这块要做好,这个是当时的第一个想法。有了这个想法以后,后面我们选择供应商,包括对供应商提要求的时候,我们都是把环保放在第一位的。所以要求他们在环保投入、环保管理方面,都是要注意的。”</td><td>I1,访谈资料;S1,企业网站;S2,搜索引擎</td></tr>
</table>

续 表

构念	类别	词频	等级	结论	典型引用举例	资料来源
合法性选择策略	顺从	22	高等	高等顺从	“可能光那个地方投环保的话,有四五千万元,确切我不是记得太清楚了,投资很大。然后,我们可能也是国内第一家,上了整个系统,跟环保部门、跟政府的工作网都连接在一起。”	I1,访谈资料;S1,企业网站
环保技术创新	环保产品与工艺	20	高等	高等	“我们在新能源汽车储能电池上的产品系列非常多,有十几个。还有循环电池,这些都是环保行业的产品。我们按照最高的环保标准建立了临安电池生产基地。投资非常大,有四五千万元。在临安的投资设备非常先进,可以帮助我们处理生产过程中产生的含硫酸的污水。整个系统是循环利用,没有废水排放,处理后的水比普通自来水还要干净。”	S2,搜索引擎;S3,专利数据库

(1)制度压力

本阶段,政府和市场协同产生了规制与规范互补和互动型的制度压力。

①规制压力。在第二阶段,国家对高污染行业进行了大规模整治,污染较高的电池行业首当其冲,规制压力迅速增强。ND电源有限公司由于在环保方面一直走在行业前列,反而成了行业标杆。ND电源有限公司高管说:“国家整治后,很多小企业都死掉了。整治之前,浙江有1 000多家企业是做电池的,整治完了只有十几家了。行业洗牌之后,我就受益了。包括我现在拥有的世界500强客户,在行业里面还是最多的,这些都是客户对你的肯定,可能是间接受益,直接受益还是较少。”

②规范压力。一方面,即便ND电源有限公司在自身工厂生产过程中非常重视对生产过程中污染的治理,但是和国外企业相比仍有不小的差距。在严格的制度压力下,国外企业不仅要重视自身的污染治理,还需要管理供应商的环保行为。在选择供应商时,对环境的保护是很重要的参考因素。ND电源有限公司在国际化的过程中,就出现了问题,遭遇了强大的规范压力。如ND电源有限公司高管所说:“2006年,NGO机构把我们一个在福建龙岩的供应商污染周边农田的事情捅到了我们国外的

一些运营商那里。很快我们遇到了非常大的市场压力,所有的这些供应商都要求我们专门回复这个事情,到底是怎么回事。还有,我们在此过程中,到底承担了哪些责任,怎么去处理这个事情,要明确地说。这个事情没有处理完,没有顺利地解决掉之前,所有的订单全部停掉。”因此,规范压力的加大让 ND 电源有限公司清醒地意识到了自身存在的问题,进一步加强了对技术创新过程的环保投入。另一方面,ND 电源有限公司也意识到逐渐增强的制度压力不仅意味着企业需要加强传统产品创新过程中的环保,也意味着商机。因此,ND 电源有限公司不仅在生产过程中加强了对环境的治理,还进入了环保行业,将用于新能源汽车行业中的储能电池作为新产品拓展的方向。

(2)战略柔性

在第二阶段,ND 电源有限公司进入了环保行业,而且在生产过程中特别重视对环境的治理。资源的灵活性在这个过程中发挥了关键的作用。正如 ND 电源有限公司总工接受访谈时所说:“我们创建了产品平台,因为我们现在的业务和模式,已经发生了很大的变化。原先我们是做单一产品的,现在也要做整个系统,从原来的单专业,到现在非常多的专业结合在一起。产品之间的关联度较高,很多资源都可以相互使用。如高温电池,好几个专利都是其他技术组拿过来的。”由此可见,本阶段 ND 电源有限公司具有高等的资源柔性。

另外,ND 电源有限公司总工去华为工作了一段时间,学习了华为的 NPD 流程和激励制度,提高了公司灵活调度资源的能力。如 ND 电源有限公司总工接受访谈时所说:“2006 年从华为回来之后,我把整个研发流程改了,我完全是按照华为的系统进行调整的。做小循环,整个研发的架构有了很多变化,我们后来成立了技术组,以硕士、博士为主,做一些材料的基础性研究。后面在转型的时候,基本上都是在这个组里面进行的,所以这个也算是大的改变的地方,投资也是非常多的。我们改进了奖励机制,把研发人员跟绩效捆绑在一起,这个是与利益相关的,要共同去推,就是这个意思。”由此可见,本阶段 ND 电源有限公司具有高等的协调柔性。

(3)环境伦理

在第二阶段,公司开始考虑利他的环保逻辑,在预算中充分考虑了环境投资和采购，将环保计划、环保愿景、环保使命、营销事件和企业文化结合起来。如ND电源有限公司高管在接受访谈时说："在我们看来，环保和安全是企业发展的一条红线。因为这个突破了之后，其他都不行，你连生存都没法生存，所以就是这块，我们觉得一定要去做好，不光是我们自己要做好，可能整个产业链，跟我们相关的，特别是供应商这块要做好，这个是当时的第一个想法。有了这个想法以后，后面我们选择供应商，包括对供应商提要求的时候，我们都是把环保放在第一位的。所以要求他们在环保投入、环保管理方面，都是要注意的。"这种高等的环境伦理使得企业在面临合法性战略选择时，选择了顺从策略，积极响应环保压力，导致了高等的环保技术创新。

(4)合法性选择策略

在第二阶段，企业选择了顺从型合法性选择策略。在面临制度压力时，选择了顺从，开展了环保技术创新行为。

(5)环保技术创新

在第二阶段，ND电源有限公司不仅进入了环保行业，还开始研发环保产品。如ND电源有限公司总工说："我们在新能源汽车储能电池上的产品系列非常多，有十几个。还有循环电池，这些都是环保行业的产品。"另外，ND电源有限公司在技术创新的过程中，也非常重视对环境的保护和污染的治理。如ND电源有限公司高管所说："2006年之后，就是那个供应商事件出来之后，我们按照最高的环保标准建立了临安电池生产基地。投资非常大，有四五千万元。工厂正好在苕溪边上，是整个杭州的水源头。所以2013年开始整治过程中，我们被环保部作为标杆企业。我们对流程做了很多优化，包括更多的环保投入。我们这里有很多有特色的地方，比如说我们这个水，因为污水主要是含硫酸的，临安的投资设备非常先进，可以帮助我们处理生产过程中产生的含硫酸的污水，整个系统循环利用，没有废水排放，处理后的水比普通的自来水还要干净。"本阶段，公司具有高等的环保技术创新。

(6)变量间关系

根据对多来源资料的整理，可发现企业顺从型合法性选择策略会促使高等的环保技术创新。包括两点原因：一方面，在第二阶段企业具有高等的环境伦理和高等的战略柔性，为顺从规制压力和规范压力进行环保技术创新提供了坚实的能力和意愿基础;另一方面,政府和市场通过产生规制与规范互补型和互动型的制度压力,为制造企业环保技术创新水平提高实现了协同效应。本阶段,国家对环境的治理,国际市场客户对环境的高要求,不仅提高了企业污染环境的成本,而且也带来了新的商机。在这种力量的驱动下,企业发现顺从制度压力进行环保技术创新带来的收益要比成本更大。因此,来自企业内部的能力和意愿推力(战略柔性、环境伦理)和来自企业外部环境的拉力(政府的规制压力和市场的规范压力)均促使企业采取顺从型合法性选择策略,进而对有效提高环保技术创新水平起到促进作用。

6.4.3.3 总 结

基于数据评估结果,本部分对ND电源有限公司两个阶段中各个构念及其内在维度间的关系进行了对比分析,结合已有研究归纳出政府和市场协同驱动制造企业环保技术创新水平提高的内在机制。

(1)刺激:两种不同的制度压力对企业合法性选择策略的影响作用对比

据多来源资料可知,由于第一阶段和第二阶段公司面临的制度压力不同,采取的合法性选择策略也有所不同。在第一阶段,政府政策导致的规制压力不高,来自市场的规范压力也仅为中等。在第二阶段,政府政策导致的规制压力和来自市场的规范压力都很高,而且之间是互补和互动的关系。企业在增强的制度压力下,采取了顺从程度更高的合法性策略,以获得更高的收益。

(2)响应:战略柔性和环境伦理对企业合法性选择策略选择的影响作用

在第一阶段,即便面临的规制压力不大,规范压力也仅为中等,但是具有中等环境伦理的ND电源有限公司仍然选择顺从规范压力进行环保技术创新的尝试。这是企业基于环境伦理对制度压力进行响应的结果。真正具有环境伦理的公司,具有利他的环保逻辑,即便在自身能力不足的情况下,也会有意识地将有限资源配置到环保行为中。

在第二阶段,公司的战略柔性和环境伦理强度进一步提高。在高等的能力和意愿基础之上,公司受趋利和社会福利商业逻辑的驱动,进行环保技术创新的动机更强了,采取顺从型合法性选择策略的可能性得到了提高。这是因为,环境伦理可以影响企业配置资源的方向,战略柔性可以提高企业资源配置的效率。在具有环境伦理的基础上,ND 电源有限公司进一步提高了资源的灵活性水平和灵活配置资源的能力水平,使得环保技术创新水平得到了提高。当企业拥有更高的战略柔性时,柔性资源和发挥资源协同效应的能力使得企业更加愿意顺从规制压力,以获得来自政府的更大的合法性,从而受到某种程度的保护,以避免经营风险。

(3)机理:两种不同的合法性选择策略对企业环保技术创新的影响作用对比

第一阶段 ND 电源有限公司尝试进行环保技术创新,在自身生产过程中较重视对环境的保护。而第二阶段 ND 电源有限公司正式进入了环保行业,并对供应商的环境问题进行了管理。两阶段对比鲜明。面对制度压力,顺从的程度增加,这有助于提高企业环保技术创新水平。第一阶段企业采取的是部分顺从的合法性选择策略,受战略柔性不足的约束,即便在环境伦理中等导致资源配置方向有意识地向环保倾斜的情况下,可使用的资源也比较少,这就自然会让各个方面的行为有所削弱。然而在第二阶段,企业采取了顺从程度更强的合法性选择策略,让各个方面显得积极。比如进入环保行业,引进国外最先进的环保技术,购置新型的废水废气处理系统,并严格解决供应商的环保问题。由上述可知,相比于回避型合法性选择策略,顺从型合法性选择策略更有利于企业环保技术创新水平的提高。

6.4.4 WL 电气有限公司

由前述可知,WL 电气有限公司的两个阶段为:阶段一(1998—2008 年),尝试开展环保技术创新阶段;阶段二(2008 年至今),大力开展环保技术创新阶段。

6.4.4.1 阶段一:数据分析和评估

第一阶段构念编码及词频等级界定如表 6-11 所示。第一阶段中,规制压力出现 3 次,规范压力出现 2 次,即低等的规制压力与低等的规范压力。资源柔性出现 20 次,协调柔性出现 21 次,环境伦理出现 13 次,分别为高等的资源柔性、高等的协调柔性和中等的环境伦理。上述原因使得企业采用了顺从型合法性选择策略(顺从型合法性选择策略出现 14 次,为中等;回避型合法性选择策略和操纵型合法性选择策略均未出现),导致了中等的环保技术创新(环保技术创新出现15次)。

表6-11 WL电气有限公司第一阶段构念编码及词频等级界定表

构念	类别	词频	等级	结论	典型引用举例	资料来源
制度压力	规制压力	3	低等	低等	“这一阶段没有太大的政府方面的压力。那时国家的要求还不是很严,在新能源汽车上还没有很多政策扶持。”	I1,访谈资料;S2,搜索引擎
	规范压力	2	低等		“相比发达国家,我们国家消费者的环保理念应该还是比较落后的。买汽车很多是看功能和品牌,对是否节能环保关注不多。”	
战略柔性	资源柔性	20	高等	高等	“这一阶段,我们主要是做传统的电机,有用在汽车上的,也有用在家电上的。虽然很多模块也可以用在新能源电机上,但因为没市场,我们也就不会投入资金做环保研发。”	I1,访谈资料;S2,搜索引擎
	协调柔性	21	高等		“我们在不同的生产线间的人员调度和设备调度都很快,这样可以提高产品线并行的效率。”	
环境伦理	利他环保逻辑	13	中等	中等	“公司在发展早期主要还是为了营利。特别是对于我们这样的民营企业,生存压力很大。我们开始做传统电机时,在生产过程中就遵照基本的要求,达到底线,避免罚款。”	I1,访谈资料
合法性选择策略	顺从	14	中等	中等顺从	“国家那个时候对生产企业排放管得不严,我们为了避免罚款,在清洁生产上做得不错。”	I1,访谈资料;S2,搜索引擎
环保技术创新	环保产品与工艺	15	中等	中等	“2006年6月被评为首批绍兴市环境友好企业。”	I1,访谈资料;S2,搜索引擎

(1)制度压力

本阶段,企业未感知到市场和政府的互补式协同作用。对企业而言,感知到的规制压力和规范压力都很低。

①规制压力。在第一阶段，来自政府部门的强制性环保法律法规和对新能源汽车行业的政策扶持并不多，规制压力并不明显。在低等的规制压力下，企业虽然选择了顺从型合法性选择策略，但对环保技术创新的投入较少。

②规范压力。本阶段 WL 电气有限公司定位于国内市场，对国外市场的开拓不够，而我国消费者的环保理念与国外相比有一定差距，因此来自市场的规范压力也较低。在低等的规范压力下，企业自然会做出经济效益最大化的选择，采用顺从型合法性选择策略，但对环保技术创新的投入较少。

(2)战略柔性

电机是 WL 电气有限公司的主营产品，而在电机这一产品上，有很多技术是模块化的，可以复制到多品类的产品之中。WL 电气有限公司也有很强的资源调度能力，能够快速高效地将资源进行调度和重新调度。但是即便如此，WL 电气有限公司仍未将这种模块化的技术用于新能源电机等环保产品的开发上，造成这一现象的重要原因之一是规制压力和规范压力的低等，使得企业不愿意将资源配置的方向转向环保产品的开发，但会注意一下清洁生产。如 WL 电气有限公司高管在接受访谈时说："这一阶段，我们主要是做传统的电机，有用在汽车上的，也有用在家电上的。虽然很多模块也可以用在新能源电机上，而且我们在不同的生产线间的人员调度和设备调度都很快，但因为没市场，我们也就不会投入资金做环保研发。"由此可见，虽然本阶段 WL 电气有限公司的资源柔性和协调柔性都很高，会注意清洁生产，但是其并未投入环保产品的开发中。

(3)环境伦理

在第一阶段，作为民营企业，WL 电气有限公司面临的生存压力很大，会较多地考虑经济利益，但是作为一家有一定社会责任感的企业，也会在生产过程中重视对环境的保护。虽然公司并没有进入环保行业开发环保产品，但是在公司的预算计划中有包含对清洁生产的关注。如 WL 电气有限公司高管说："公司在发展早期主要还是为了营利，特别是对于我们这样的民营企业，生存压力很大。我们开始做传统电机时，在生产过程中就遵照基本的要求，达到底线，避免罚款。"这种中等的环境伦理影响了资源配置的方向,企业在面临合法性战略选择时,选择了中等的顺从策略,减少了环保压力对企业内部的冲击,导致了中等的环保技术创新。

(4)合法性选择策略

在第一阶段,企业选择了中等的顺从型合法性选择策略,虽然没有进入环保行业,但是在清洁生产上做得不错,一方面节约了成本,另一方面也避免了罚款。如WL电气有限公司高管在接受访谈时说:"国家那个时候对生产企业排放管得不严,我们为了避免罚款,在清洁生产上做得不错。"

(5)环保技术创新

在第一阶段,企业并未做出任何进入环保行业的技术创新行为,但是注重在传统电机产品生产制造过程中对环境的保护。2006年6月,公司被评为首批绍兴市环境友好企业。

(6)变量间关系

根据对多来源资料的整理,可以发现,企业中等的顺从型合法性选择策略会产生中等的环保技术创新。即便企业整体的战略柔性很强,具有良好的能力基础,但由于仅仅具备中等的环境伦理,仅为顺从规制压力进行环保技术创新的行为提供了一定的态度基础。除此之外,企业未感知到市场和政府实现协同,规制和规范压力都很低。这时,WL电气有限公司权衡顺从规制压力带来的合法性收益(如获得政府的奖励)和成本(如环保制造工艺投资)之间的差距后,采取了部分顺从合法性选择策略来减小生存压力,即不进入环保行业,但在生产过程中注重对环境的保护,导致了中等的环保技术创新。

6.4.4.2 阶段二:数据分析和评估

第二阶段构念编码及词频等级界定如表6-12所示。第二阶段中,规制压力出现15次,规范压力出现16次,即中等的规制压力与中等的规范压力。资源柔性出现25次,协调柔性出现24次,分别为高等的资源柔性和高等的协调柔性。上述原因使得企业在面对合法性选择策略问题时会选择顺从(顺从型合法性选择策略出现22次,为高等;回避型合法性选择策略和操纵型合法性选择策略均未出现),实现了企业环保技术创新从中等到高等的提升(环保技术创新出现20次)。

表 6-12　WL 电气有限公司第二阶段构念编码及词频等级界定表

构念	类别	词频	等级	结论	典型引用举例	资料来源
制度压力	规制压力	15	中等	中等	“国家开始提出关于建设节能、环保型社会的号召。”	I1,访谈资料;S2,搜索引擎;S4,新闻报道
					“在哥本哈根会议前夕,我国政府公布了控制温室气体排放的行动目标,决定到 2020 年国内生产总值二氧化碳排放比 2005 年下降 40%到 45%。未来较长一段时期内,国家将会采取各种措施和政策确保目标实现。”①	
	规范压力	16	中等		“这几年,用户的环保需求也在逐步提高。在整个社会层面,因为媒体曝光得多了,消费者对环保产品的呼声越来越大。”	I1,访谈资料;S2,搜索引擎
					“实现创新和可持续发展,努力实现产品生产一代,开发一代,储备一代。WL 推销的已不仅仅是产品,而是整个企业,WL 所经营的也不仅仅是工厂,而是整个市场。”	
战略柔性	资源柔性	25	高等	高等	“除了新能源电机,我们之前有振动电机、家用电机、微电机、工业电机等系列产品。振动电机是用在水泥车里的。家用电机是用在空调、冰箱里的。微电机是用在汽车零部件里的,比如雨刷、转向器等。工业电机是放在起重机里的。虽然用的产品不一样,但是前期在不同电机产品里的技术积累,使得我们可以很快在新能源电机产品方面上手,因为有些技术都是模块化的,可以直接拿来使用。”	I1,访谈资料;S1,企业网站;S2,搜索引擎;S4,新闻报道

① WL 电气有限公司 2009 年年度报告:http://stockdata.hexun.com/stock_detail_57510882.shtml.

续 表

构念	类别	词频	等级	结论	典型引用举例	资料来源
战略柔性	协调柔性	24	高等	高等	"公司在电器机械与器材制造业领域中,拥有合理的产业布局,产品涵盖了电能的存储、输送及驱动耗用,产品应用领域基本涵盖了工业制造领域的大部分行业。合理的产业布局拓宽了产品应用领域和消费群体,分散了经营风险,规避了单个行业的恶性竞争;也便于公司及时跟踪行业动态,便于公司集中采购原材料;有利于公司控制生产成本,还有利于公司跟踪市场动态,及时调整产品结构及进行行业整合,加强公司的整体研发能力,提高公司产品的综合附加值。"①	I1,访谈资料;S1,企业网站;S2,搜索引擎
环境伦理	利他环保逻辑	20	高等	高等	"保护环境是企业作为社会成员的应尽义务,更是企业的一项神圣使命。"	I1,访谈资料;S1,企业网站
合法性选择策略	顺从	22	高等	高等顺从	"公司通过互访沟通、满意度调查等多种渠道征集客户对我们公司环保产品的意见,满足并努力超出客户的期望。"	I1,访谈资料;S1,企业网站
环保技术创新	环保产品与工艺	20	高等	高等	"2008年,推出新能源电机,用于新能源汽车行业。" "在持续稳定地生产经营的同时,公司也非常注重技术改造、节能降耗、减排控污等工作。2008年4月,在浙江省经贸委、环保局等单位的指导和支持下,公司全面推行清洁生产试点工作,投入专项资金200多万元,共提出清洁生产方案38项,经过全体员工六个月的努力,公司在节水、节电、粉尘减少、浸漆废气减少等方面有大幅进步,取得了显著的经济效益和环境效益。同时,公司还顺利通过省专家组的审核验收,被评为浙江省清洁生产先进企业。"	I1,访谈资料;S1,企业网站;S2,搜索引擎

① WL电气有限公司2009年年度报告:http://stockdata.hexun.com/stock_detail_57510882.shtml.

(1)制度压力

本阶段,政府和市场协同产生了规制与规范互补和互动型的制度压力。

①规制压力。在第二阶段,规制压力继续加大,国家开始提出关于建设节能、环保型社会的号召。一方面,国家对环保的监督执行力度继续加大。另一方面,政府也通过政策补贴的方式鼓励传统制造企业进入环保设备制造行业。新的形势下,WL电气有限公司增强了对生产后污染问题的解决,并进入环保行业。此时面临中等的规制压力,对公司做出顺从型合法性选择策略有着促进作用,有利于环保技术创新水平的提高。

②规范压力。在第二阶段,WL电气有限公司经过市场调查发现,这几年,用户的环保需求也在逐步提高。在整个社会层面,因为媒体曝光得多了,消费者对环保产品的呼声越来越大。企业决定进入环保行业,进行新能源电机的开发,并在生产过程中更加注意环保。新的市场使公司面临的规范压力大幅提升,使得企业在进行合法性战略选择时,更倾向于选择顺从,以此来开拓市场。

(2)战略柔性

在第二阶段,企业延续了上一阶段的战略柔性。模块化的通用电机技术保证了高等的资源柔性。如WL电气有限公司高管所说:"除了新能源电机,我们之前有振动电机、家用电机、微电机、工业电机等系列产品。振动电机是用在水泥车里的。家用电机是用在空调、冰箱里的。微电机是用在汽车零部件里的,比如雨刷、转向器等。工业电机是放在起重机里的。虽然用的产品不一样,但是前期在不同电机产品里的技术积累,使得我们可以很快在新能源电机产品方面上手,因为有些技术都是模块化的,可以直接拿来使用。"

另外,通过构建产业布局,WL电气有限公司提高了资源配置的灵活性,提高了协调柔性。WL电气有限公司的产业布局主要分布于电器机械与器材制造业领域,产品涵盖了电能的存储、输送及驱动耗用,产品应用领域基本涵盖了工业制造领域的大部分行业。这种布局拓宽了产品应用领域,降低了风险,提高了灵活性。

(3)环境伦理

在第二阶段,公司对于利他的环保逻辑更为重视,在预算中充分考虑了环境投资和采购,将环保计划、环保愿景、环保使命、营销事件和企业文化结合起来。在 WL 电气有限公司的年报里,反复提到这样一句话:“保护环境是企业作为社会成员的应尽义务,更是企业的一项神圣使命。”这种高等的环境伦理使得企业在资源配置时充分考虑了环保压力的倾向,在面临合法性战略选择时,选择了顺从策略,积极响应了环保压力,导致了高等的环保技术创新。

(4)合法性选择策略

在第二阶段,企业选择了顺从型合法性选择策略。即在面临制度压力时,选择了顺从,开展了环保技术创新工作。

(5)环保技术创新

在第二阶段,企业推出了新能源电机,用于新能源汽车行业,并且在持续稳定地生产经营的同时,公司也非常注重技术改造、节能降耗、减排控污等工作。2008 年 4 月,在浙江省经贸委、环保局等单位的指导和支持下,公司全面推行清洁生产试点工作,投入专项资金 200 多万元,共提出清洁生产方案 38 项,经过全体员工六个月的努力,在节水、节电、粉尘和废气减少等方面有了很大进度,提高了经济效益和环境效益。WL 电气有限公司还顺利地被评为浙江省清洁生产先进企业。

(6)变量间关系

根据对多来源资料的整理,可发现企业顺从型合法性选择策略会导致高等的环保技术创新。而导致顺从型合法性选择策略的原因则包括两方面:一方面,在第二阶段企业高等的战略柔性和环境伦理,不仅提供了环保行为的能力基础,更有意愿基础。另一方面,政府和市场通过产生规制与规范互补和互动型的制度压力,产生了协同效应。国家对于环保的监督执行力度继续加大,并对市场的规范压力产生了影响。因此,在规范压力和规制压力的共同作用下,WL 电气有限公司发现,相比于前一阶段低等的制度压力,顺从互补和互动型制度压力所带来的净收益会更大(虽需环保制造工艺投资,但可获得政府奖励,还有来自市场的正反馈)。因此,WL 电气有限公司选择了顺从型合法性策略,有效提高了环保技术创新水平。

6.4.4.3 总　结

基于数据评估结果,本部分对 WL 电气有限公司两个阶段中各个构念及其内在维度间的关系进行了对比分析，结合已有研究归纳出政府和市场协同驱动制造企业环保技术创新的内在机制。

(1)刺激：两种不同的制度压力对企业合法性选择策略的影响作用对比

根据多来源资料可知，由于第一阶段和第二阶段公司面临的制度压力不同，采取的合法性战略也有所不同。第一阶段，企业面临的规制压力和规范压力都比较低，WL 电气有限公司权衡了顺从规制压力带来的合法性收益(如获得政府的奖励)和成本(如环保制造工艺投资)之间的差距之后，选择了部分顺从型合法性选择策略来减小生存压力，即不进入环保行业，但在生产过程中注重对环境的保护，导致了中等的环保技术创新。第二阶段，制度压力显著增强，政府和市场通过产生规制与规范互补和互动型的制度压力，产生了协同效应。WL 电气有限公司发现，相比前一阶段的低等制度压力，顺从互补和互动型制度压力所带来的净收益会更大(虽需环保制造工艺投资，但可获得政府奖励，还有来自市场的正反馈)。因此，WL 电气有限公司提高了顺从的程度，不仅在生产过程中注意对环境的保护，而且还进入了环保行业，进行了主营业务的转向，有效提高了环保技术创新水平。

(2)响应：战略柔性和环境伦理对企业合法性选择策略选择的影响作用

造成企业顺从程度加深的原因，不仅有制度压力方面的因素，还有企业内部战略柔性和环境伦理作用提高的因素。根据访谈资料可知，虽然第一阶段和第二阶段的战略柔性都很强，但由于第一阶段的环境伦理仅为中等，所以 WL 电气有限公司仅仅选择了在生产过程中注重环保，而没有进入环保行业。而在第二阶段，伴随着企业的成长，环境伦理强度进一步提高，有了高等战略柔性和高等环境伦理的保证，在趋利和社会福利的商业逻辑下，企业增加了顺从的程度，不仅注重绿色生产，还注重环保业务的开拓。

(3)机理：两种不同的合法性选择策略对企业环保技术创新的影响作用对比

WL 电气有限公司前后两阶段对比鲜明，顺从型合法性选择策略的程度在加深。企业顺从程度的加深，反映在行为上就是资源投入和承诺的不断增加。在第一阶段 WL 电气有限公司仍将主要资源集中在传统电机这一主营业务上,并没有进入环保行业,只是进行了绿色生产。但是,在第二阶段,WL 电气有限公司进入了新能源汽车行业,并将主营业务从传统电机转向新能源电机。这种资源配置程度和方向的转变,使企业环保技术创新水平得到了提高。

6.4.5 ZD 水业有限公司

由前文可知,ZD 水业有限公司的两个阶段为:阶段一(2002—2006年):尝试开展环保技术创新阶段;阶段二(2006 年至今):大力开展环保技术创新阶段。

6.4.5.1 阶段一:数据分析和评估

第一阶段构念编码及词频等级界定如表 6-13 所示。第一阶段中,规制压力出现 5 次,规范压力出现 0 次,即低等的规制压力与低等的规范压力。资源柔性、协调柔性均出现 0 次,分别为低等的资源柔性和低等的协调柔性。但是,环境伦理出现 20 次,程度为高等。上述原因使得企业虽然采用了顺从型合法性选择策略(顺从型合法性选择策略出现 10 次,为中等;回避型合法性选择策略和操纵型合法性选择策略均未出现),却导致了低等的环保技术创新(环保技术创新出现 5 次)。

表 6-13 ZD 水业有限公司第一阶段构念编码及词频等级界定表

构念	类别	词频	等级	结论	典型引用举例	资料来源
制度压力	规制压力	5	低等	低等	“我们当时生产规模很小,排放不大,环保部一般很少关注我们这样的企业,他们都关注大型制造企业。”	I1,访谈资料
					“政府在环保行业的补贴还不多。”	
	规范压力	0	低等		无	无
战略柔性	资源柔性	0	低等	低等	无	无
	协调柔性	0	低等		无	无
环境伦理	利他环保逻辑	20	高等	高等	“污染就是有用的资源占错了地方。那么我们环保人要做的事情就是把占错位置的资源重新再利用起来。”	I1,访谈资料;S4,新闻报道

续 表

构念	类别	词频	等级	结论	典型引用举例	资料来源
合法性选择策略	顺从	10	中等	中等顺从	“我们还是比较积极地响应政府政策的，做得比较认真。我们研发了负压输送技术。用非常少量的水，可能是我们正常使用的十分之一的水，把这些废物通过负压抽走。抽走后将废物发酵成有机肥。”	I1，访谈资料
环保技术创新	环保产品与工艺	5	低等	低等	“我们虽然投入了大量资源用于负压输送技术的研发，但是由于缺乏市场推广，且没有相关技术基础，负责此项技术研发的德国专家逐渐流失，公司无奈之下只好搁置了对该技术的研发。”	I1，访谈资料

(1)制度压力

本阶段，来自政府和市场的制度压力都很低。

①规制压力。在第一阶段，规制压力来自政府部门强制性的环保法律法规，包括对其污染处理进行监督及对其生产扩建进行控制。但是，由于企业自身的生产规模小，污染排放并不大，使得这方面法律法规的约束力并不明显。而且，本阶段政府对水处理行业的补贴也不高。

②规范压力。在第一阶段，公司主要面向国内市场。追求经济效益最大化的国内市场对于环保产品的需求尚未打开，并且对于企业绿色生产的要求也不高。

(2)战略柔性

在第一阶段，企业并未准备充足的冗余资源，并且资源在各种用途间的转换成本较高，转换所需的时间较长。企业的资源柔性和协调柔性均为低等。

(3)环境伦理

在第一阶段，虽然企业面临的制度压力较低，也缺乏资源柔性和协调柔性，但是校企出身的 ZD 水业有限公司对环境的关注很高。公司的预算计划中就包含了对环保技术的研发投入，并将公司的发展同环保使命结合起来。因此，本阶段具有高等的环境伦理。

(4)合法性选择策略

高等的环境伦理影响了资源配置的方向,企业在面临合法性战略选择时,选择了顺从策略。ZD水业有限公司研发了负压输送技术,即用非常少量的水(正常使用的十分之一),将废物通过负压抽走,然后将废物发酵成有机肥。

(5)环保技术创新

在第一阶段,公司虽然投入了大量资源用于负压输送技术的研发,但是由于缺乏市场推广,且技术资源的灵活性不够,负责此项技术研发的德国专家半途而废。在关键人才流失之后,ZD水业有限公司无奈之下只好搁置了对该技术的研发。

(6)变量间关系

根据对多来源资料的整理,可发现顺从型合法性选择策略导致了低等的环保技术创新。该发现与之前的案例研究都不同。原因在于:虽然企业面临的制度压力很小,也不具有较强的战略柔性,但是校企出身的ZD水业有限公司具有高等的环境伦理,支持其在惩罚和奖励压力均不大的环境下,克服困难进行环保技术创新,但是受限于资源柔性和协调柔性不足,ZD水业有限公司的负压输送技术研发并未获得成功。

6.4.5.2 阶段二:数据分析和评估

第二阶段构念编码及词频等级界定如表6-14所示。第二阶段中,规制压力出现25次,规范压力出现26次,即高等的规制压力与高等的规范压力。资源柔性出现25次,协调柔性出现24次,分别为高等的资源柔性和高等的协调柔性。上述原因使得企业在面对合法性选择策略时会选择操纵(操纵型合法性选择策略出现22次,为高等;顺从型合法性选择策略和回避型合法性选择策略均未出现),实现了企业环保技术创新从低等到高等的提升(环保技术创新出现25次)。

表 6-14 ZD 水业有限公司第二阶段构念编码及词频等级界定表

构念	类别	词频	等级	结论	典型引用举例	资料来源
制度压力	规制压力	25	高等	高等	“当时我们国家在推生态县的创建，有一个要求，就是说每个申报的县，其农村生活污水覆盖率要在一个标准内。突然之间就有了这么一个机会。”	I1，访谈资料；S2，搜索引擎；S4，新闻报道
					“2007 年底的时候，有一个事情对我们冲击非常大，我们做了村庄污水整治。作为政府的一个项目，每年每个县都会有几个试点，那么我们做下去以后，作为一个县的，因为有一个政治意义，便是新农村建设。”	
	规范压力	26	高等		“环保产业，应该说我们做得也有一点点样子了。当时我就在想，因为一些企业主要是电费的原因放弃了很多环保设施的继续使用，其他也没太多费用，我觉得能不能通过太阳能、风能这些免费的能源，我们做了这个。”	I1，访谈资料；S2，搜索引擎
					“了解市场需求这块，是全方位的，第一跟农民打交道，第二跟政府打交道，因为我们做了这么多，我们到现在为止已经三四千的项目做下来了。各种各样的情况，就是说人家碰到的问题，我们都碰到过。农民对环境问题很敏感。”	
战略柔性	资源柔性	25	高等	高等	“负压输送项目失败之后，德国专家也走了，我们公司就招了技术人员进来，有什么做什么，没有太多的目标，但是有以前的负压输送项目的基础，是环保行业，跟水处理有关，于是我们就围绕污水处理做了一些项目。”	I1，访谈资料；S1，企业网站；S4，新闻报道；S2，搜索引擎
					“那个时候我们公司还在学校里面，也有老师研究这个方向，所以成本和代价也不大，我们就开始做实验。”	
	协调柔性	24	高等		“我就把原来的一些研发人员，根据他们提供的一些线索，一个一个跟他们具体地谈这个事情。”	I1，访谈资料；S1，企业网站；S2，搜索引擎
					“因为我们现在有研发中心，可以灵活地跟浙大、中科院合作，包括荷兰的皇家科学院。这保证了我们同时具有很多项针对市场需求的技术。”	

续 表

构念	类别	词频	等级	结论	典型引用举例	资料来源
环境伦理	利他环保逻辑	20	高等	高等	“污染实际上是资源占错了位置,我觉得这点大家应该非常明确,大家都应该往这方面做,这样的话,我们的环保产业才会更健康。”	I1,访谈资料;S2,搜索引擎
合法性选择策略	操纵	22	高等	高等操纵	“一直是我们在引导政府和客户,包括现在的污水控制,都是我们告诉他怎么做,因为政府是不知道的。所以说,我觉得自己很自豪的一点,就是所有政府做的东西,往往是我们的东西推出去半年以后做的,政府很实在,他看到你的结果,才会去做。因为现在忽悠的人实在太多了,所以我们先做,做出来以后政府觉得靠谱,它才做。我认为我们一直在引导着政府做,我们只是说按照我们的理念做出来了,你自己来看行不行。我觉得我们应该是在引导,我们觉得很有成就感,那为什么不做。所以说我们这样的想法,应是一个反过来的概念。”	I1,访谈资料;S1,企业网站
环保技术创新	环保产品与工艺	25	高等	高等	“我们现在其实也不光做水处理,2013年之后开始多元化了,相对而言在环保行业里做的包括垃圾固废处理、大气污染治理、水处理。”	I1,访谈资料;S3,专利数据库;S2,搜索引擎
					“太阳能微动力,这个从整体来说,是我们完全为农村量身定制的一款产品。这款产品看起来简单,但在农村非常实用,我们用太阳能解决了一些偏远的、机电不方便的问题。一方面,能够解决污染问题,解决水污染问题,把水处理得非常好;另一方面,非常方便,不需要医疗外机电源,同时它的运行经费几乎是0。在政府的帮助下,2.5亿元落实了。然后把所有的钱用于农村污水治理。从2010年到2012年,花了三年时间,把整个桐庐,全部做完了,做得确实不错。”	

(1)制度压力

本阶段,政府和市场协同产生了规制与规范互补和互动型制度压力。但是有趣的是,这时ZD水业有限公司在前期顺应的基础上,对制度压力进行了进一步的操纵。

①规制压力。在第二阶段,规制压力继续加大,全国范围内在推进生态县和新农村建设。对各个申报生态县和新农村县的县在生活污水覆盖率上都有标准限制。作为政府项目,每年每个县都会有几个试点,具有政治意义。因此,本阶段在此时面临高等的规制压力。

②规范压力。在第二阶段,公司经过市场调查发现,农户并非不重视环境保护,与之相反,农户在政府建设新农村和生态县政策的引导下,其实具有很高的环保意愿。但是,农村地区普遍存在水处理设备利用率不高的问题。ZD 水业有限公司董事长为此专门深入农村和农户沟通,发现造成这一问题的重要原因是设备后期运营维护的成本过高,且驱动电池动力源不足或不稳定。因此,本阶段,ZD 水业有限公司具有高等的规范压力。

(2)战略柔性

虽然上一阶段中,负压输送项目失败,德国专家也回国了,但是 ZD 水业有限公司仍然积累了一些水处理方面的技术知识和项目管理经验。这些资源本身和污水处理相关,具有较高的灵活性,可以灵活转入环保新业务的开拓中。另外,ZD 水业有限公司属于校办企业,有很多学校、科研院所的关系,具备专家库。因为 ZD 水业有限公司关注的污水处理技术具有很强的前沿性,所以这些专家通过立项的方式获得了资金支持,从而可以将实验室的成果灵活地转向商用。本阶段,ZD 水业有限公司的资源柔性和协调柔性均为高等。

(3)环境伦理

ZD 水业有限公司董事长在接受访谈时说:“污染实际上是资源占错了位置,我觉得这点大家应该非常明确,大家都应该往这方面做,这样的话,我们的环保产业才会更健康。”ZD 水业有限公司从一开始就具有高等的环境伦理,随着资源柔性和协调柔性强度的提高、制度压力的增强,它的环境伦理强度进一步提高,在预算中充分考虑了环境投资和采购,将环保计划、环保愿景、环保使命、营销事件和企业文化结合起来。这种高等的环境伦理使得企业在资源配置时充分考虑了环保压力的倾向,在面临合法性战略选择时,选择了操纵策略,积极影响了环保压力,促进了高等的环保技术创新。

(4)合法性选择策略

本阶段,ZD 水业有限公司选择了操纵型合法性选择策略。在面临制度压力时,选择了操纵,开展环保技术创新行为。如ZD水业有限公司董事长在接受访谈时说:“一直是我们在引导政府和客户,包括现在的污水控制,都是我们告诉他怎么做,因为政府是不知道的。所以说,我觉得自己很自豪的一点,就是所有政府做的东西,往往是我们的东西推出去半年以后做的,政府很实在,他看到你的结果,才会去做。因为现在忽悠的人实在太多了,所以我们先做,做出来以后政府觉得靠谱,他才做。我认为我们一直在引导着政府做,我们只是说按照我们的理念做出来了,你自己来看行不行。我觉得我们应该是在引导,我们觉得很有成就感,那为什么不做。所以说我们这样的想法,应是一个反过来的概念。”

(5)环保技术创新

在第二阶段,企业成功研发了太阳能微动力设备、垃圾固废处理设备、大气污染治理、水处理设备及智慧环保管理软件平台,具备了高等的环保技术创新。

(6)变量间关系

根据对多来源资料的整理,可发现企业操纵型合法性选择策略会导致高等的环保技术创新。原因则包括两方面:一方面,操纵是比顺从更为主动的环境响应策略。第二阶段,不断增强的战略柔性和环境伦理为操纵制度压力进行环保技术创新提供了坚实有力的能力和意愿基础。另一方面,政府和市场通过产生规制与规范互补和互动型制度压力,对制造企业环保技术创新水平提高产生了互补和互动型协同效应。

6.4.5.3 总 结

基于数据评估结果,本部分对ZD水业有限公司的两个阶段中的各个构念及其内在维度间的关系进行了对比分析,并结合已有研究归纳出政府和市场协同驱动制造企业环保技术创新的内在机制。

(1)刺激:两种不同的制度压力对企业合法性选择策略的影响作用对比

根据多来源资料可知,由于第一阶段和第二阶段公司面临的制度压力不同,采取的合法性选择策略也有所不同。在第一阶段,公司仅仅面临低等的制度压力,虽然选择了顺从型合法性选择策略,但仍造成了低等的环保技术创新。除了内部资源和能力基础等不足的问题之外,外部环境协同型制度压力的缺乏也是重要原因。企业并未有效识别持续不断加大环保技术创新投入所能实现的利益,以及放弃环保技术创新所带来的机会成本。第二阶段,政府和市场形成了互补和互动型的制度压力,ZD水业有限公司能够准确估计环保技术创新的成本和收益,加大资源的投入,甚至实现了对外部环境的操纵。

(2)响应:战略柔性和环境伦理对企业合法性选择策略选择的影响作用

根据多来源资料可知,由于第一阶段和第二阶段公司面临的制度压力不同,采取的合法性选择策略也有所不同。在第一阶段,公司仅仅面临低等的制度压力,但采用了顺从型合法性选择策略,仍造成了低等的环保技术创新。究其原因,主要是因为第一阶段的战略柔性不足但环境伦理较强。也就是说,虽然ZD水业有限公司缺乏足够的能力基础来扭转环境,但在环境伦理的作用下,仍然采用了顺从的合法性选择策略,将极其有限的资源投入环保技术创新中去,但是由于战略柔性过低,企业环保技术创新并未成功。在第二阶段,ZD水业有限公司面临着高等的制度压力,并在建立高等的战略柔性和环境伦理的基础上,主动对制度压力进行了操纵,进行环保技术创新。在趋利和社会福利商业逻辑的共同作用下,ZD水业有限公司形成了高等的战略柔性和环境伦理,使得企业能够具有操纵制度压力的前提条件,从而在应对环境的过程中获得主动权。

(3)机理:两种不同的合法性选择策略对企业环保技术创新的影响作用对比

第一阶段环保技术创新项目中途失败,而第二阶段环保技术创新取得了很大成功,对比鲜明。面对制度压力,选择顺从型或者操纵型的合法性选择策略,直接影响了环保技术创新的强弱。第一阶段,企业采取的是顺从型合法性选择策略,虽然态度积极,但对环境的干预较少,更多的是被动适应。而在第二阶段,企业采取了操纵型合法性选择策略,在各个方面显得更为积极。比如企业引导政府决策,充分调动媒体的作用,影响客户,等等。积极的合法性选择,使得企业能根据自身的意愿进行资源的调度和安排。由上述可知,相比起顺从型合法性选择策略,操纵型合法性选择策略更有利于企业环保技术创新水平的提高。

6.4.6 ZJKC环保科技有限公司

由前文可知,ZJKC环保科技有限公司的两个阶段为:阶段一

(2008—2012 年),尝试开展环保技术创新阶段;阶段二(2012 年至今),大力开展环保技术创新阶段。

6.4.6.1 阶段一:数据分析和评估

第一阶段构念编码及词频等级界定如表 6-15 所示。第一阶段中,规制压力出现 25 次,规范压力出现 26 次,即高等的规制压力与高等的规范压力。资源柔性和协调柔性分别出现了 15 次和 14 次,分别为中等的资源柔性和中等的协调柔性。环境伦理出现了 2 次,程度为低等。上述原因使得企业采用了回避型合法性选择策略(回避型合法性选择策略出现 10 次,为中等;顺从型合法性选择策略和操纵型合法性选择策略均未出现),导致了中等的环保技术创新(环保技术创新出现 11 次)。

表 6-15 ZJKC 环保科技有限公司第一阶段构念编码及词频等级界定表

构念	类别	词频	等级	结论	典型引用举例	资料来源
制度压力	规制压力	25	高等	高等	“当时国家在推环保,特别是水处理这一块。”	I1,访谈资料;S2,搜索引擎;S4,新闻报道
					“污水治理很多时候是政府主导的市政工程,我们公司觉得这是新机会。”	
	规范压力	26	高等		“环保这个产业,市民也是支持的,因为会改善他们的生活环境。”	
					“不光是城市,农村这个市场也是有潜力的。”	
战略柔性	资源柔性	15	中等	中等	“我是浙江省水处理中心出来的,所以在水处理这块是有一定技术基础的,但是在市场资源这块,我离开原来的单位并没有带出来。”	I1,访谈资料;S2,搜索引擎;S4,新闻报道
	协调柔性	14	中等		“有一些模块化的技术可以用到我们的膜产品里面去,但是核心的技术还是要重新研发的,很难转移。”	
环境伦理	利他环保逻辑	2	低等	低等	“第一个是初创求生阶段,2008 年到 2012 年,那时候确实是有什么就吃什么,当时去外面找吃的,求生。组织形式也比较简单,主要是以活命为主,环保产品对我们来说是吃饭的东西,选择也是没办法的。”	无

续 表

构念	类别	词频	等级	结论	典型引用举例	资料来源
合法性选择策略	回避	10	中等	中等回避	“清洁生产的成本很高，这样企业利润肯定少了，所以当初就没多注意环保这方面。”	I1，访谈资料
					“刚活下来的时候，哪顾得上什么脸面啊，没有尊严的，只要活下来就行。但是做到一定阶段的时候，就讲求可持续性的东西。就像人无远虑必有近忧一样，你肯定要考虑长远发展，企业的安全性、可持续性、社会责任等。”	
环保技术创新	环保产品与工艺	11	中等	中等	“2009 年的时候，在南通接了一个工业废水处理项目，稍微赚了些，做了大概是 1 000 万元的业务。在业界逐渐有人知道了有我们这么一家公司，跟他们去做交流，买点我们的产品，就这样子。清洁生产这块，我们在刚开始时候关注得比较少。”	I1，访谈资料

(1)制度压力

本阶段，政府和市场协同产生了规制与规范互补型制度压力。

①规制压力。在第一阶段，全国范围内在推进环保行业发展和传统制造企业环保转型。特别是水处理这一块。“五水共治”开始在浙江省内推行，一方面对传统制造企业形成了压力，另一方面也大大提高了环保行业的吸引力。本阶段 ZJKC 环保科技有限公司面临着高等的规制压力。

②规范压力。通过缜密的市场调研，ZJKC 环保科技有限公司发现，环保这个产业，市民也是支持的，因为会改善他们的生活环境。洞悉这一需求后，ZJKC 环保科技有限公司识别了高等的规范压力。

(2)战略柔性

在第一阶段，首先，ZJKC 环保科技有限公司具有一定可灵活运用于环保技术创新的资源，但是不多。造成这一现象的主要原因在于技术和市场两方面。其一，在市场资源上，ZJKC 环保科技有限公司的创立者虽然来自浙江省水处理中心，但受到商业伦理的制约，他在离开原单位时并未带出原单位的市场资源。其二，在技术资源上，ZJKC 环保科技有限公司以前研发的一些模块化的技术可以用到接下来的膜产品里面去，但是核心技术还是要重新研发的,很难转移。因此,资源柔性为中等。

另外,第一阶段为企业的高速发展期,重点关注于生存,对内部团队疏于管理。相关资源在各种用途间的转换成本较高,转换所需的时间较长,协调柔性为中等。

(3)环境伦理

在第一阶段,ZJKC环保科技有限公司还处于求生存的阶段,在经营生产中更多地考虑经济利益,而非环境伦理,并没有明确和具体的环境政策,在公司的预算计划中也没有对环境投资和采购的关注,也没有将环保计划、环保愿景、环保使命与营销事件结合起来,更没有将环保计划、环保愿景、环保使命与公司文化结合起来。如ZJKC环保高管接受访谈时说:“第一个是初创求生阶段,2008年到2012年,那时候确实是有什么就吃什么,当时去外面找吃的,求生。组织形式也比较简单,主要是以活命为主,环保产品对我们来说是吃饭的东西,选择也是没办法的。”这种低等的环境伦理影响了资源配置的方向,企业在面临合法性战略选择时,选择了回避策略,只进入了环保行业,但在生产过程中却不重视绿色生产,导致了仅为中等水平的环保技术创新。

(4)合法性选择策略

在第一阶段,企业选择了中等的回避型合法性选择策略。在面临高等的规制压力和规范压力时,由于自身缺乏利他环保逻辑,企业并未完全顺从环保压力,而是选择“说一套,做一套”的方式来应对。

(5)环保技术创新

在第一阶段,ZJKC环保科技有限公司仅仅进入了环保行业,但是在生产过程中并未注重绿色化。环保技术创新为中等。

(6)变量间关系

根据对多来源资料的整理,可发现企业回避型合法性选择策略导致了中等的环保技术创新。而导致回避型合法性选择策略的原因则包括两方面。一方面,虽然市场和政府产生了较强的制度压力,ZJKC环保科技有限公司权衡了顺从制度压力带来的合法性收益(如获得政府的奖励)和成本(如环保制造工艺投资)之间的差距之后,进入了环保产业。但是,企业具有的战略柔性仅为中等,而且受生存期条件的制约,公司的环境伦理比较差,没能为顺从规制压力进行环保技术创新的行为提供坚实有力的意愿基础。故相比起顺从,企业更愿意选择回避型合法性选择策略,进入环保行业,但却并不关注绿色生产,仅导致了中等的环保技术创新。

6.4.6.2 阶段二:数据分析和评估

第二阶段构念编码及词频等级界定如表 6-16 所示。第二阶段中,规制压力出现 26 次,规范压力出现 26 次,即高等的规制压力与高等的规范压力。资源柔性出现 23 次,协调柔性出现 25 次,分别为高等的资源柔性和高等的协调柔性。上述原因使得企业在面对合法性选择策略时会选择顺从(顺从型合法性选择策略出现 25 次,为高等;回避型合法性选择策略和操纵型合法性选择策略均未出现),实现了高等的企业环保技术创新的提升(环保技术创新出现 23 次)。

表 6-16 ZJKC 环保科技有限公司第二阶段构念编码及词频等级界定表

构念	类别	词频	等级	结论	典型引用举例	资料来源
制度压力	规制压力	26	高等	高等	"'五水共治'项目本身它是有前期项目的,两三年的,三四年的,老早当地政府就在考察了。" "市政这块来讲,目前中国的体制框架下,确实有改善民生的环境需求,所以政府是大力推动的。像浙江的'五水共治',它的效果还是不错的。政府毕竟投入了很多,老百姓能感受到。"	I1,访谈资料;S2,搜索引擎;S4,新闻报道
制度压力	规范压力	26	高等	高等	"从市场需求来看,市政废水处理比工业废水处理的需求更大。工业废水整个市场规模是在萎缩的,但是,我们公司定位的市政污水处理的市场规模是在不断提升的。这个是大的趋势,因为技术难度没有处理工业废水那么大,还有这么多小企业都要去找活干,因为现在供给制改革,原来需求方式在那里。那么这么多企业一起去抢,自然而然整个环境就这样了。所以,我们当时就判断了,尤其从我们材料来讲,最大的用量可能是在市政领域里面。"	I1,访谈资料;S2,搜索引擎

续 表

<table>
<tr><th>构念</th><th>类别</th><th>词频</th><th>等级</th><th>结论</th><th>典型引用举例</th><th>资料来源</th></tr>
<tr><td rowspan="3">战略柔性</td><td rowspan="2">资源柔性</td><td rowspan="2">23</td><td rowspan="2">高等</td><td rowspan="3">高等</td><td>“我们在南通的客户那里做了好几个项目,获得的不仅是市场方面的知识,还有一些可以通用的资源。客户需求和客户口碑都对我们后来的项目有了促进作用。”</td><td rowspan="2">I1,访谈资料;S1,企业网站;S4,新闻报道;S2,搜索引擎</td></tr>
<tr><td>“之前的那些技术源来自另外一个校企,之前我们做的就是聚丙烯这种材料。后续我们开发的新的材料,叫作聚偏氟乙烯,和之前的技术关联度挺大,后续我们自己开发。”</td></tr>
<tr><td>协调柔性</td><td>25</td><td>高等</td><td>“我们进行了管理上的梳理,优化调整了人员,让团队更加有效。以前我们主要关注于发展速度,在团队内部出现了一些问题,比如效率低下、责任推诿。现在我们进行了组织结构的调整。通过组织结构的重新调配提高了效率。”</td><td>I1,访谈资料;S1,企业网站;S2,搜索引擎</td></tr>
<tr><td>环境伦理</td><td>利他环保逻辑</td><td>20</td><td>高等</td><td>高等</td><td>“当我们发展得比较好了,掌握的社会资源多了,责任应该是越大的。这个是很基本的。”</td><td>I1,访谈资料;S1,企业网站;S2,搜索引擎</td></tr>
<tr><td>合法性选择策略</td><td>顺从</td><td>25</td><td>高等</td><td>高等顺从</td><td>“像我们这样的创业者,本身的环保理念和责任感相对而言还是比较强的。当企业发展到一定阶段之后,外部环境的环保压力这么大,就不会通过一些偷排的方式赚取利润。”</td><td>I1,访谈资料;S1,企业网站</td></tr>
<tr><td rowspan="2">环保技术创新</td><td rowspan="2">环保产品与工艺</td><td rowspan="2">23</td><td rowspan="2">高等</td><td rowspan="2">高等</td><td>“2014年,我们有机会做了一个南通的零排放项目。就是整个工业园区,这个项目规模比较大,政府的影响力也很大。政府官员视察后认为该项目技术难度和政治影响力都很大,社会效益也比较明显。于是一下子就把我们推上去了。2014年规模已经做到1亿元左右了。”</td><td rowspan="2">I1,访谈资料;S1,企业网站;S2,搜索引擎;S3,专利数据库</td></tr>
<tr><td>“我们在产品生产过程中对环境污染的控制做得可能比某些大企业还要好。我们在这块的投入也是比较大的。这个阶段做到一定程度,就开始讲求可持续性发展。就像人无远虑必有近忧一样,你肯定要考虑长远发展,企业的安全性、可持续性、社会责任等。”</td></tr>
</table>

(1)制度压力

本阶段,政府和市场协同产生了规制与规范互补和互动型制度压力。

①规制压力。在第二阶段,规制压力继续加大,国家对于环保的监督执行力度继续加大,并开始推进“五水共治”,无论是对传统制造企业,还是对环保行业企业都带来了更强的制度压力。

②规范压力。在第二阶段,浙江省“五水共治”已见成效,政府投入了很多资源,产生了老百姓能感受到的意义。消费者对环保的要求比上阶段又有所提高,并且 ZJKC 环保科技有限公司所关注的市政污水处理行业的内部动态性也越来越活跃,规范压力进一步增强。如 ZJKC 环保科技有限公司高管在接受访谈时说:“从市场需求来看,市政废水处理比工业废水处理的需求更大。我们公司定位的市政污水处理的市场规模是在不断扩大的。这个是大趋势,因为技术难度没有处理工业废水那么大,还有这么多小企业都要去找活干,因为现在供给制改革,原来需求方式在那里,那么这么多企业一起去抢,自然而然整个环境就这样了。”公司面临的规范压力进一步提升,使得企业在合法性战略选择中,更倾向于选择顺从。

(2)战略柔性

在第二阶段,ZJKC 环保科技有限公司具有了一些可灵活用于多种用途的技术和市场资源。如 ZJKC 环保科技有限公司已经在南通项目上积累了市场知识和通用性资源,具有了一定的客户需求和口碑基础。并且,ZJKC 环保科技有限公司之前的技术知识(关于聚丙烯材料),也可以用于新技术的研发过程(关于聚偏氟乙烯材料)。本阶段的资源柔性为高等。

另外,ZJKC 环保科技有限公司通过组织结构设计对团队管理方式进行了调整,让团队更有效率。如 ZJKC 环保科技有限公司高管在接受访谈时说:“以前我们主要关注于发展速度,在团队内部出现了一些问题,比如效率低下、责任推诿。现在我们进行了组织结构的调整。通过组织结构的重新调配提高了效率。”公司在战略选择、人员调整等方面做到了管理创新,使得企业的资源在不同需要间的转换成本有所下降,资源转换所需要的时间有所减少,实现了从原来中等的协调柔性向高等的协调柔性的转变。

(3)环境伦理

在第二阶段,公司开始考虑利他环保逻辑,在预算中充分考虑了环境投资和采购,将环保计划、环保愿景、环保使命、营销事件和企业文化结合起来。如ZJKC环保科技有限公司董事长说:“像我们这样的创业者,本身的环保理念和责任感相对而言还是比较强的。当企业发展到一定阶段之后,外部环境的环保压力这么大,就不会通过一些偷排的方式赚取利润。”这种高等的环境伦理使得企业在资源配置时充分考虑了环保压力的倾向,在面临合法性战略选择时,选择了顺从策略,积极响应环保压力,导致了高等的环保技术创新。

(4)合法性选择策略

在第二阶段,企业选择了顺从型合法性选择策略。在面临制度压力时,选择了顺从,开展了环保技术创新行为。

(5)环保技术创新

在第二阶段,ZJKC环保科技有限公司做了一个南通零排放项目。这个项目取得了很大影响。政府官员视察后认为该项目的技术难度和政治影响力都很大,社会效益比较明显。这一评价不仅带动了公司主营业务的发展,也使得企业有条件开始注重绿色生产。本阶段,公司对绿色生产的投入显著增加。

(6)变量间关系

根据对多来源资料的整理,可发现企业顺从型合法性选择策略导致了高等的环保技术创新,原因如下:市场和政府产生了较强的制度压力,制度压力之间存在互补且互动的关系;本阶段ZJKC环保科技有限公司的战略柔性和环境伦理强度均已提升到了高等;公司在权衡顺从制度压力带来的合法性收益(如获得政府的奖励)和成本(如环保制造工艺投资)之后,选择采取顺从策略,不仅进入了环保产业,还进行了绿色生产,产生了高等的环保技术创新。

6.4.6.3 总 结

基于数据评估结果,本部分对ZJKC环保科技有限公司两个阶段中各个构念及其内在维度间的关系进行了对比分析,结合已有研究归纳出了政府和市场协同驱动制造企业环保技术创新水平提高的内在机制。

(1)刺激:不同的制度压力对企业合法性选择策略的影响作用对比

根据多来源资料可知,虽然第一阶段和第二阶段公司面临的制度压力都很大,但是,第一阶段和第二阶段的制度压力之间的关系不同。第一阶段,来自政府和市场的制度压力之间是互补的关系。第二阶段,来自政府和市场的制度压力之间不仅具有互补的关系,还有互动的关系。在互补性制度压力的促发下,若企业资源较少,选择回避的合法性策略,通过进入环保行业来缓解一部分的制度压力是可以获得生存机会的。但是,若企业面对互动性的强制度压力,同时具有资源基础,则需要考虑顺从制度压力,兼顾环保行业的盈利和绿色生产的成本,否则企业难以获得谈判空间。

(2)响应:战略柔性和环境伦理对企业合法性选择策略选择的影响作用

第一阶段和第二阶段的制度压力水平相当,但由于第二阶段的战略柔性和环境伦理强度得到了明显提高,第二阶段中环保技术创新实现了由中等到高等的提升,可知高等的战略柔性和高等的环境伦理更有利于企业采用顺从型合法性选择策略。根据访谈资料可知,第一阶段,由于缺乏环境伦理,即使企业具有中等的战略柔性,也不会将资源分散配置到和营利无关的绿色生产过程中去。在第二阶段,企业内部的资源柔性、协调柔性和环境伦理强度都得到了提高,有了高等的战略柔性和高等的环境伦理的保证,企业采用了顺从型合法性选择策略来应对制度压力。

(3)机理:两种不同的合法性选择策略对企业环保技术创新的影响作用对比

公司在第一阶段仅仅进入了环保行业,却没有进行绿色生产;而第二阶段不仅进入了环保行业还进行了绿色生产,对比鲜明。面对制度压力,选择顺从型或者回避型合法性选择策略,直接影响公司是否能产生环保技术创新。第一阶段企业采取的是回避型合法性选择策略,即消极的态度,自然在各个方面的行为都会有所削弱。然而在第二阶段,企业采取了顺从型合法性选择策略,在各个方面都显得积极。根据此案例,相比于回避型合法性选择策略,顺从型合法性选择策略更有利于企业环保技术创新水平的提高。

6.5 跨案例分析及命题提出

针对“为提高制造企业环保技术创新水平,企业需要采用何种合法性选择策略呢?政府和市场应协同驱动产生何种制度压力呢?企业需要怎样的战略柔性和商业逻辑来驱动该合法性选择策略的采用呢?”这些问题,本章采用案例研究方法,以三大行业(传统制造行业、新能源汽车行业、水处理行业)中的六家企业(ZJSD铁塔有限公司、FLT玻璃有限公司、ND电源有限公司、WL电气有限公司、ZD水业有限公司、ZJKC环保科技有限公司)为案例分析样本展开分析。

基于“刺激→响应→机理”逻辑,本章揭示了驱动制造企业环保技术创新的影响因素(制度压力、战略柔性、环境伦理和合法性选择策略)及其作用机理。

六家样本企业第一阶段的构念如表6-17所示,第二阶段的构念如表6-18所示。两阶段变化比较如表6-19所示。

表6-17 跨案例比较(第一阶段)

企业 \ 构念	规制压力	规范压力	资源柔性	协调柔性	环境伦理	合法性策略选择	环保技术创新
ZJSD铁塔有限公司	中等	低等	低等	低等	低等	中等回避	低等
FLT玻璃有限公司	中等	低等	低等	低等	低等	中等回避	低等
ND电源有限公司	低等	中等	低等	低等	中等	中等顺从	中等
WL电气有限公司	低等	低等	高等	高等	中等	中等顺从	中等
ZD水业有限公司	低等	低等	低等	低等	高等	中等顺从	低等
ZJKC环保科技有限公司	高等	高等	中等	中等	低等	中等回避	中等

表 6-18 跨案例比较(第二阶段)

企业＼构念	规制压力	规范压力	资源柔性	协调柔性	环境伦理	合法性策略选择	环保技术创新
ZJSD 铁塔有限公司	中等	中等	高等	高等	高等	高等顺从	高等
FLT 玻璃有限公司	高等	中等	高等	高等	高等	高等顺从	高等
ND 电源有限公司	高等	高等	高等	高等	高等	高等顺从	高等
WL 电气有限公司	中等	中等	高等	高等	高等	高等顺从	高等
ZD 水业有限公司	高等	高等	高等	高等	高等	高等操纵	高等
ZJKC 环保科技有限公司	高等	高等	高等	高等	高等	高等顺从	高等

表 6-19 跨案例跨阶段比较

企业＼构念	规制压力	规范压力	资源柔性	协调柔性	环境伦理	合法性策略选择	环保技术创新
ZJSD 铁塔有限公司	—	↑	↑	↑	↑	中等回避→高等顺从	↑
FLT 玻璃有限公司	↑	↑	↑	↑	↑	中等回避→高等顺从	↑
ND 电源有限公司	↑	↑	↑	↑	↑	中等顺从→高等顺从	↑
WL 电气有限公司	↑	↑	—	—	↑	中等顺从→高等顺从	↑
ZD 水业有限公司	↑	↑	↑	↑	↑	中等顺从→高等操纵	↑
ZJKC 环保科技有限公司	—	—	↑	↑	↑	中等回避→高等顺从	↑

基于数据评估结果，本部分对六家企业两个阶段中的各个构念及其

内在维度间的关系进行了对比分析，结合已有研究归纳出政府和市场协同驱动制造企业环保技术创新水平提高的内在机制。

6.5.1　刺激：政府和市场协同生成制度压力及其作用

通过多案例比较，可以发现，当企业面临的制度压力显著增强时，企业更容易和制度压力要求一致，进行环保技术创新。如在第一阶段时，ZJSD铁塔有限公司、FLT玻璃有限公司、WL电气有限公司、ND电源有限公司、ZD水业有限公司都面临着相对第二阶段较低的制度压力。因此，顺从制度压力带来的高成本低收益阻碍了企业采取环保技术创新的意愿。正如ZJSD铁塔有限公司营销部副总经理在接受访谈时所说："当时我们企业实在没有意愿来进行环保技术创新，因为我们当时专注在国内市场，客户也没环保需求。环保技术创新带来的只有成本没有收益，所以我们在政府来检查之前把现场整理好就行。"其中的五家公司在第二阶段时面临的制度压力显著增强；五家公司都发现和制度压力保持一致可以有助于企业获得来自政府和市场的奖励，避免来自这两方的惩罚。因此，企业采取环保技术创新的意愿增强了。正如ZJSD铁塔有限公司营销部副总经理在接受访谈时所说："我们之所以后来要通过镀锌环保技术创新来解决水污染这个问题，就是怕网上曝光公司超标排放，因为外国客户对环保特别重视，他们要是在网上搜到公司的环保不达标，就不会下订单，这样就会影响我们的收益。反之，我们通过环保技术创新把水污染这个问题解决了，外国客户的订单就来了，收益就增加了。"

由此可见，政府和市场通过产生规制与规范互补和互动型制度压力，进而在制造企业环保技术创新过程中产生了协同效应，促进企业选择顺从型合法性选择策略。对于企业来说，规制压力是自上而下的，盲目地顺从只会徒增生产成本，对收益则起着有限的促进作用，故若不是迫不得已都倾向于尽量回避；而规范压力是来自客户，是自下而上的倒逼式压力，企业为了获得更好的收益，必须迎合消费者的要求，选择顺从。相比规制压力，规范压力更容易激发企业采用顺从型合法性选择策略。基于新古典经济学理论，企业在行动前会评估比较行动的成本和收益。(Suchman，1995)在面临规制压力时，污染减排政策刺激企业对低成本减污技术的需求，但由于技术外部性的存在，创新者研发回报有限，创新动力不足。由于大多数环境问题所固有的负外部性，企业缺乏明确的经济激励来开发新的环保型的产品和流程，很难有动力去主动实施绿色创新。且我国相关环保法律法规的执行有待进一步完善。(李大元等，2015)为了获得最大收益，企业往往会选择回避型合法性选择策略，采用"说一套做一套""浑水摸鱼"的方式来应对规制压力，从而以最小的成本应对政府的规制。(Scott et al.，2008)相比之下，来自市场的经济手段能比环境规制更加有效地刺激环保技术创新，单纯的环境规制难以激励企业投资清洁技术的研发。(杨东宁等，2005)与政府法律法规相比，其他利益相关者对企业环保的要求更高(李大元等，2015)，他们会行使自己的权力，对企业进行有效的监督，从而促使企业环保技术创新水平的提高。规范压力不似规制压力具有一定的被动强制性，企业对客户需求的满足更多的是主动自发行为。因此，顺从规制与规范互补和互动型制度压力进行环保技术创新水平提高的可能性较大。

在规制压力和规范压力对企业合法性选择策略的作用比较上，现有研究存在争论。本书和国外研究保持一致(Taylor et al.，2006)，证实了与规制压力相比，规范压力对制造企业顺从型合法性选择策略的正向作用更强。本书和国内研究的观点不同。李怡娜等(2011)认为，强制性环境法律法规对企业顺从制度压力、进行绿色环保创新实践有显著的影响；客户环保压力对企业顺从制度压力、进行绿色环保创新实践影响不显著。国内外研究的争论可归因为国内外企业环保技术创新的规范型制度环境不同和国内规范型制度环境的变化。相比西方国家，我国客户对环境保护开始关注的时间较晚，企业感知到的来自客户的规范压力并不明显，即规范压力对企业顺从制度压力、进行环保技术创新并未起到显著的正向促进作用。因此，不同于国外文献，采用基于2010年前数据的国内研究多认为规范压力对企业顺从制度压力、进行环保技术创新的作用不显著。(李怡娜等，2001)而本书进行数据采集的时间始于2014年，该时期的样本企业正处于"创新驱动→环保创新驱动"的转型过程中。近年来，这一转型过程体现在：中国企业的国际化使得国外客户的环保需求给企业创新带来了越来越多的规范压力，中国高速发展带来的严重环境问题使得国内客户的环保需求逐渐涌现。在该情境下，基于新古典经济学理论和合法性视角，企业在行动前会评估比较行动的成本和收益(Benner et al.，

2013),即可分析出企业顺从规制与规范互补和互动型制度压力带来的"成本-收益比"比顺从单一的规制型制度压力大,故企业为实现价值最大化,相比于单一的规制压力,更愿意顺从规制与规范互补和互动型制度压力。即相比于单一的规制型制度压力,规制与规范互补和互动型制度压力更会产生协同效应,激发企业采用顺从型合法性选择策略,而非回避型合法性选择策略。

由此,可推出以下两个命题。

P1:制度压力由低等向高等的转变,有助于促发企业环保技术创新行为的增强。

P2:相比起单一的规制型制度压力,规制与规范互补和互动型制度压力更会产生协同效应,促进企业环保技术创新行为的增强。

6.5.2 响应:企业基于战略柔性和环境伦理对制度压力进行响应

由 ZJKC 环保科技有限公司在第一阶段的表现可见,即便其面临的来自政府的规制压力和来自市场的规范压力都很强,但是其环保技术创新并没有如预期那样表现为高等,反而只有中等的水平。但在第二阶段,在规制与规范压力持平的情况下,战略柔性环境伦理强度的提高,使得企业环保技术创新行为得到了增强。由此可见,高等的制度压力并不一定会导致企业环保技术创新行为的增强。企业环保技术创新行为还受到企业内部因素的影响。

对 ZJSD 铁塔有限公司、ZJKC 环保科技有限公司这两家公司而言,其发展的第一阶段和第二阶段,所面临的制度压力相差不大,然而环保技术创新水平却出现了大幅提高。战略柔性和环境伦理强度的提高是造成这一变化的主要原因。对于 FLT 玻璃有限公司、ZD 水业有限公司、WL 电气有限公司、ND 电源有限公司,伴随着制度压力强度的提高,战略柔性和环境伦理的强度也得到了提高,为对制度压力的积极响应提供了能力和意愿基础。

根据多家企业的访谈资料可知,资源柔性的缺乏意味着企业资源本身就不具备灵活转换用途的特性,这样企业若要进行环保技术创新,则需要比战略柔性高的企业投入更多的资源。而对于我国情境中资源缺乏的本土企业而言，这是一个沉重的负担，进而削弱了其环保技术创新行为。协调柔性的缺乏，使得企业难以以灵活的方式配置资源，也就意味着企业将资源从传统制造过程转向环保绿色制造过程所需的时间和管理成本的增加，这对于我国情境中面临动态快速变化环境的本土企业而言，会带来竞争优势的削减。综合这两方面的缺乏，企业环保技术创新因此而削减。与之相反，本书中的案例企业在后期积累了高等的战略柔性，具有了灵活配置资源至环保技术创新的能力基础，其环保技术创新行为进而得到了增强。如公司在有了技术保证之后，开展了创新技术培训，通过实践让员工产生创新意识，并在国内率先成立环保技术研发部门，内部的推力有效促进了环保技术创新水平的提高。

但是，本书中的案例企业还出现了一类现象：即便具有高等的战略柔性和高等的制度压力，但仍不采用高等的环保技术创新行为。ZJKC 环保科技有限公司就是典型的例子。究其原因在于，在第一阶段，ZJKC 环保科技有限公司的环境伦理较低，如其高管在接受访谈时说："第一个是初创求生阶段，2008 年到 2012 年，那时候确实是有什么就吃什么，当时去外面找吃的，求生。组织形式也比较简单，主要是以活命为主，环保产品对我们来说是吃饭的东西，选择也是没办法的。"在其发展的第二阶段，生存压力已经减小，这时企业为了获得可持续发展，增强了环境伦理。如其董事长所说："像我们这样的创业者，本身的环保理念和责任感相对而言还是比较强的。当企业发展到一定阶段之后，外部环境的环保压力这么大，就不会通过一些偷排的方式赚取利润。"

由此可知，由于环保技术创新所需的高成本，若企业缺乏环境伦理，就难以将资源投入环保技术创新。在具有环境伦理的前提下，若企业资源和能力具有较强刚性，不具有在短时间内调出资源用于环保技术创新的能力的话，就有可能想方设法不遵从政策，表现出"退耦"行为。(Crilly et al. ,2012)而当企业柔性资源多且具备快速调用资源的能力时，企业才会选择遵从政府政策，甚至会主动宣传有关环保意识以获得政府额外的赞扬。根据资源基础观和动态能力理论，企业的行为反应与其所拥有的资源和能力有关。因此，作为表示企业柔性资源和协调资源能力的变量，战略柔性对企业的行为反应也会产生影响。Berrone et al. (2013)认为，高资源冗余能加强企业与资源提供的利益相关者之间的关系。这样企业也就能影响塑造企业规范制度环境的相关人员,从而降低其对企业的受限制程度。当企业拥有更高的战略柔性时,柔性资源和发挥资源协同效应的能力使得企业更加愿意顺从规制压力,以获得来自政府的更大的合法性,进而得到某种程度的保护,从而避免经营风险。

现有研究存在对制度理论和其他理论的融合关注不够的研究缺口,仅有不多的研究将制度理论和高阶理论、认知理论结合起来,关注高管环保意识对合法性选择策略的影响(Colwell et al.,2013);或将制度理论和资源基础观结合起来,关注资源基础、组织冗余对合法性选择策略的影响。而基于动态能力视角,当处于转型期的中国企业面临制度压力时,战略柔性对合法性选择策略有着不容忽视的影响。因为外部环境的快速变化,政府和市场对企业环保技术创新的要求正在不断增强,若企业缺乏资源柔性和协调柔性,将会难以应对多重制度压力,而选择回避甚至反抗的合法性选择策略,阻碍环保技术创新水平的提高。因此,本章揭示了战略柔性对合法性选择策略的显著作用,弥补了研究缺口。结论一方面呼应了裴云龙等(2013)、Zhou et al.(2010)提出的战略柔性与技术创新的研究结论,同时也弥补了战略柔性和合法性选择策略间关系的空缺。这一结论可被归因为以下两点原因。第一,战略柔性会增强组织的适应性。因为更高的战略柔性会促使企业更好地理解和利用外部环境;为可持续长远发展,企业会更倾向于顺从以获得更大的合法性。第二,企业的顺从行为需要付出相应的财务及非财务成本,而战略柔性高的企业承担得起的可能性更大,且顺从行为可以使企业建立良好形象,维持并改善与利益相关者的关系以维持和提升企业的竞争力。

基于以上分析,可提出以下命题。

P3:相比于低战略柔性的企业,具有高等的战略柔性的企业更倾向于顺从或操纵制度压力,提高环保技术创新水平。

P4:相比于有助于实现趋利商业逻辑的战略柔性,有助于实现社会福利商业逻辑的环境伦理对于企业环保技术创新的促进作用更大。

P5:相比于单一的战略柔性或环境伦理,当有助于实现趋利的战略柔性和有助于实现社会福利的环境伦理相结合时,对企业环保技术创新的促进作用更大。

6.5.3 机理:企业选择不同的合法性选择策略进行环保技术创新的机理

根据如上分析可知,六家案例样本企业在第一阶段的环保技术创新行为均不如第二阶段的环保技术创新行为强。合法性选择策略是造成这一现象的近因,其本质是企业基于自身能力和态度对多重制度压力做出响应后选择的应对策略。面对制度压力,选择顺从型、回避型或操纵型的合法性选择策略,直接影响了企业是否能产生环保技术创新。大多数样本企业在第一阶段采取的是回避或中等顺从的合法性选择策略,态度并不十分积极,在各个方面的行为自然就会有所削弱。然而在第二阶段,企业采取了高度顺从甚至操纵型合法性选择策略,在各个方面都显得积极。比如在企业内开展创新培训,“边实践边培训”,让创新的思维在各个阶段发散开。积极的合法性战略选择,使得企业人员到国外考察先进的环保技术,购置新型的废水废气处理系统。综上所述,相比于回避型合法性选择策略,顺从型合法性选择策略更有利于企业的环保技术创新行为的增强;选择顺从型合法性选择策略的可能性提升有助于企业环保技术创新行为的增强;相比于顺从型合法性选择策略,操纵型合法性选择策略更有利于企业环保技术创新行为的增强。

现有研究有针对存在多重制度压力的情况,这有助于我们理解进行环保技术创新的企业合法性选择策略不明的研究缺口。(Berrone et al., 2013; Crilly et al.,2012)虽然大多数研究认为,顺从制度压力能够促进企业技术创新,但也有一些研究认为,由于环保技术创新需要较多的时间和经济资源投入,企业面临多重制度压力后的回避性“退耦”行为反而会更加有助于企业环保技术创新水平的提高。(Crilly et al.,2012)本章结论部分呼应了大多数研究,认为顺从型合法性选择策略更有利于企业的环保技术创新水平的提高,进一步揭示了环保态度对环保行为结果的重要性。同时,本章结论又拓展了已有研究,发现由于资源投入的主动性更强,并能够领先对手了解制度环境的变化,同制度压力方向一致的操纵型合法性选择策略相比于顺从型合法性选择策略更有助于环保技术创新。基于以上分析,可提出以下命题。

P6："回避型合法性选择策略→顺从型合法性选择策略"更有利于企业的环保技术创新行为的增强。

P7："顺从型合法性选择策略→操纵型合法性选择策略"有助于企业环保技术创新行为的增强。

P8：顺从型合法性选择策略程度的加深有助于企业环保技术创新行为的增强。

6.6　主要研究结论、理论贡献和实际启示

6.6.1　研究结论

本章基于六家样本企业的案例分析，以"刺激→响应→机理"为思维主线，得到以下结论。

首先，两种不同的制度压力对企业合法性选择策略的影响作用对比。研究发现：相比于单一的规制型制度压力，规制与规范互补和互动型制度压力更会产生协同效应，激发企业采用顺从型合法性选择策略，而非回避型合法性选择策略。

其次，战略柔性对企业合法性选择策略选择的影响作用。研究发现：相比于低等战略柔性的企业，具有高等的战略柔性的企业更倾向于采用顺从型合法性选择策略来应对制度压力；相比于高等的战略柔性的企业，具有低等的战略柔性的企业更倾向于采用回避型合法性选择策略来应对制度压力。

最后，两种不同的合法性选择策略对企业环保技术创新的影响作用对比。研究发现：相比于回避型合法性选择策略，顺从型合法性选择策略更有利于企业的环保技术创新水平的提高。

6.6.2 理论贡献

第一，填补了"在制度理论研究和创新研究的交叉研究领域，合法性选择策略对环保技术创新的影响尚存争论"的研究缺口。本章比较了多种不同的合法性选择策略对企业环保技术创新的影响作用。合法性选择

策略是制度理论中重要的研究变量，将其引入创新研究领域，并揭示其与环保技术创新的关系，有助于弥补研究缺口，对制度理论研究和创新研究的交叉领域研究具有一定的贡献。

第二，填补了“制度理论和认知领域的交叉研究多侧重于管理认知、高管意愿等变量，缺乏行为的能力基础和态度基础的考虑”的研究缺口。现有研究对制度理论和其他理论的融合关注不够，仅有不多的研究将制度理论和高阶理论、认知理论结合起来，关注高管环保意识对制度压力和环保技术创新关系的影响；或将制度理论和资源基础观结合起来，关注资源基础、组织冗余对制度压力和环保技术创新关系的影响。而基于动态能力视角，处于转型期的中国企业，战略柔性和环境伦理对制度压力和环保技术创新关系有着不容忽视的影响。因为外部环境的快速变化，政府和市场对企业环保技术创新的要求正在不断增强，若企业缺乏资源柔性和协调柔性，则会难以应对多重制度压力，而选择回避甚至反抗的合法性选择策略，阻碍环保技术创新水平的提高。本章融合制度理论和动态能力观，揭示了战略柔性和环境伦理对合法性选择策略的作用，该研究发现增进了对处于同一制度环境中企业采取异质合法性选择策略行为的原因的理解。

第三，填补了“制度理论内部的研究多侧重单一制度压力（规制压力或规范压力）的作用，缺乏不同制度压力之间对企业合法性选择策略作用的比较”的研究缺口。早期制度理论、利益相关者理论、认知理论等分别从组织外部和组织内部视角，为环保技术创新水平提高机制的研究奠定了基石。但是，该领域仍缺乏不同制度压力对制造企业环保技术创新作用的比较研究。本章揭示了规制压力和规范压力对企业合法性选择策略的异质性影响，发现对于转型中的当今中国，“单一的规制型制度压力→规制与规范互补和互动型制度压力”的制度演进，有助于制造企业选择顺从型合法性选择策略，进而促进环保技术创新水平的提高。该研究发现弥补了制度理论内部的研究缺口，有助于细化制度压力及对其结果因素间关系的研究。

6.6.3 实际启示

针对“政府和市场作为制造企业环保技术创新重要的制度压力来源，

未实现协同驱动制造企业环保技术创新水平提高”这一现实问题,本章立足于我国制造企业实践,研究政府和市场协同驱动对制造企业环保技术创新水平提高的影响,有助于政府和企业制订与市场协同驱动企业环保技术创新的有效措施,优化制度环境和企业决策。实际启示包括两个层面。

第一层面,对于政府。环保法律和企业感知到的规制压力之间的差距亟须通过进一步规范法律执行来缩小。政府不仅需要重视“纳税大户”的经济绩效,还需重视其社会绩效。

第二层面,对于企业。一方面,重视政府和市场的环保需求,将提高企业环保技术创新水平列入战略目标。相比西方国家,中国市场的环保需求尚处于潜在需求阶段。但2013年起,暴发于全国的雾霾已经让公众切身感受到环境退化带来的弊端。环保需求从潜在到现有需求的转变是未来市场的重要趋势。基于驱动市场理论,企业若先行于市场,针对市场可能的变化趋势采取主动战略(Proactive Strategy),则有助于比竞争对手更快地引导、满足客户需求,获取可持续竞争优势。另一方面,企业要加强战略柔性,注重对资源柔性和协调柔性的培育积累,保证环保战略的实施。战略柔性是适应制度压力的重要能力基础。在面临制度压力时,若无战略柔性,即便企业有选择顺从型合法性选择策略的意愿,也难以产生顺从行为。这也是所选样本企业选择回避型合法性选择策略的原因。

第7章 总论:主要发现、理论贡献和管理启示

学术界和实践界越来越呼唤并鼓励在中国背景下进行管理研究,从而为建立中国的管理理论、更有效地指导中国企业管理的实践并最终为丰富全球管理知识做出贡献。(徐淑英等,2011)对于转型中的中国,化解经济发展与环境保护间的矛盾,是可持续发展战略实施的关键。因此,旨在节能、降耗、降低污染的环保技术创新成为我国制造业转型的方向。政府和市场关系转变的背景下,为提高环保技术创新水平,面临多重制度压力的我国制造企业应如何通过配置组织内部能力基础,均衡"利己"和"利他"主义商业逻辑,对多重制度压力做出响应呢?针对我国多重制度、资源缺乏和多元文化的特点,本书通过定量和定性相结合的研究方法,基于"刺激→响应→机理"逻辑,进行了三个子研究,得出了如下结论。

7.1 主要发现

7.1.1 对我国制造企业环保技术创新起促进作用的制度压力类型及其生成机理

本研究基于"刺激→响应→机理"模型,立足于企业实践,研究我国情境下政府与市场协同驱动制造企业环保技术创新机制。通过数理实证研究和深入企业调研分析,明晰了政府和市场及其互动产生制度压力的机制和驱动制造企业环保技术创新的制度压力类型。

研究发现,政府和市场协同生成互补和互动型制度压力,比单一型或相互冲突型制度压力更能有效驱动企业环保技术创新。基于制度理论,企业生存需适应制度环境以获得合法性。(Delmas et al.,2008)政府规制压力和市场规范压力是企业感知到的多重制度压力的重要组成部分。

(Berrone et al.，2013)规制压力包括企业感知到的来自政府的惩罚和奖励。(Crilly et al.，2012)规范压力包括企业感知到的客户需求和行业协会的市场进入要求等。(Berrone et al.，2013)

相比仅有政府的环境规制，同时具有来自市场的经济手段能为企业环保技术创新行为带来更多收益。(杨东宁等，2005)其他利益相关者对企业环保的要求很高(迟楠，2013)，他们会行使权力对企业进行监督，并直接通过创造企业利润来促进企业环保技术创新行为(Jaffe et al.，2005)。这种由高等规范压力所引发的高度盈利可能性，将会激发企业的利己主义商业逻辑。基于新古典经济学理论，企业在行动前会评估比较行动的成本和收益。(Suchman，1995)规范压力越高，意味企业越顺从规范压力进行环保技术创新，越会获得更高的市场正向反馈。(Kam et al.，2013)

面临单一型或相互冲突型制度压力时，企业会基于对自身资源、能力基础、外部环境的认知，选择多样化的合法性选择策略。特别是资源不足的企业，往往会选择回避型合法性选择策略，采用“说一套做一套”“浑水摸鱼”的方式，从而以最小的资源投入和调度成本应对规制，获得最大收益。相比之下，政府和市场协同产生的多重制度压力(规制压力和规范压力同向并重，并且是互补和互动的关系)，会引发企业高管更强的环保技术创新意识和动力，投入并调度资源以提高环保技术创新水平。这是因为对于大多数资源缺乏的本土企业而言，环保技术创新的双重正外部性(环保溢出和知识溢出)会带来成本，使行为动力减弱。而相比起仅有规范压力的情况，规制压力和规范压力相互促进并互补时，企业环保技术创新双重正外部性带来的合法性更容易实现从政府和客户处获取资源，从而弥补成本，增加动力。

7.1.2　我国制造企业环保技术创新对多重制度压力的响应机制

企业环保技术创新，是指企业在技术创新过程中避免或降低对环境的伤害，需坚持政府对产品强加的最低环境标准。(Berrone et al.，2013；Luchs et al.，2010)相比其他环保行为，环保技术创新具有更高的风险、更高的投入，而且回报周期也更长，因此开展这一行为的企业不仅应具有利己的逻辑，还应具有利他逻辑。(Cruz et al.，2009)在转型中的中国本土文化情境中，企业的利己和利他逻辑正出现着冲突中的交融。随着企业经济效益的提高和民众对企业社会责任要求的加强，越来越多的企业在商业逻辑中体现着利己和利他性的融合。本研究发现，对于企业环保技术创新，“利己-利他”主义混合商业逻辑比单一商业逻辑更有效。

首先，本研究发现，在利己商业逻辑作用下，为克服我国制造企业普遍存在的资源不足困境(Yang et al.，2015)，我国制造企业需要灵活配置和协调资源来进行环保技术创新。转型经济情境中制度环境的不确定性，让企业意识到若将环保技术创新和日常工作结合起来，将导致资源配置方式的改变，从而带来风险。而基于动态能力观，战略柔性是“企业重新配置组织资源、过程和战略，以应对环境变化的能力”(Zhou et al.，2010；许庆瑞等，2012；Bock et al.，2012；Chatterjee et al.，2002；Malik et al.，2009)，故其可通过将资源转移快速配置给环保技术创新以控制风险，降低企业将资源拓展用于绿色设计、绿色制造、绿色营销等活动的成本，实现企业利己。本研究发现，具有高等战略柔性的企业可通过重新定义战略、协调分配职能与利益、重构已有的组织惯例等方式协调其资源的使用，故这类企业在面对新的环保需求时更从容，且提高了资源利用效率，减少了资源浪费。节约下来的资源能投入并实现企业环保技术创新，实现企业利己行为。

其次，本研究发现，相比于仅有战略柔性但缺乏环境伦理的企业，仅有环境伦理却缺乏战略柔性的企业反而更愿意对制度压力做出积极响应。这是因为，在环保技术创新引发阶段，企业的商业逻辑会影响资源配置的方向。环保技术创新需较多资源投入，但未必能快速得到经济回报(Daugherty et al.，2005)，故企业若将大量资源用于环保技术创新，那么用于提高企业核心竞争力的资源投放则会相应减少，造成损害竞争力的风险(Ambec et al.，2013；李怡娜等，2013)。环境伦理是企业道德层面的因素，影响着企业资源投入的导向。因为政府奖励有限，并不能完全替企业承受环保技术创新带来的风险和成本，所以具有高等环境伦理的企业往往追求较高的利他。(Yang et al.，2015)而 Petrenko et al.(2016)指出，越追求较高利他的企业，对规制压力的感知越敏锐，且对来自政府的外部赞扬的正反馈需求更高。(Petrenko et al.，2016)。因此，无论其战略柔性如何,是否会降低企业进行环保技术创新行为的成本,具有高等环境伦理的企业都会倾向于对规制压力采取顺从式响应行为,主动进行环保技术创新。具有高等环境伦理的企业道德底线较高,宁愿牺牲一部分商业利益也要保证自身生产的绿色环保性,因此更倾向于制订前瞻式战略,在战略高度上考虑环保技术创新,会配置相关资源用于环保技术创新中。(Luchs et al.,2010;Cruz et al.,2009;Aguilera et al.,2011;Mair et al.,2015)而环境伦理是企业处理与环境关系的原则、信念、道德、价值观等的总和,环境伦理越强,企业越能从社会角度思考对社会造成的不利影响,越能出于利他主义商业逻辑推动环保技术创新行为以降低负面影响。(Chang,2011)基于高阶理论,企业高管会基于自身独特的经验、价值观和认识,对组织所面临的制度压力做出个性化反应。只有高管充分意识到环保技术创新的重要性,才会将其纳入战略高度并投入资源。(Kocabasoglu et al.,2007;李怡娜等,2013)在权力相对集中的中国本土企业尤其如此。(Lyles et al.,2008)具有高等环境伦理的高管,风险承受能力会更强,更可能采用前瞻性环保战略,将有限的资源投入环保技术创新中去。(Chang,2011)相比之下,战略柔性作为一种企业资源和能力特征,会提高资源配置的效率以适应动态环境,但其影响的因素有很多,不仅包括环保技术创新,还包括其他商业活动。(Ambec et al.,2013;Kocabasoglu et al.,2007;Chang,2011)仅有战略柔性却缺乏环境伦理的企业,虽然其资源可以灵活运用于多种用途,且转变用途的成本较低,但是由于企业缺乏保护环境的意愿,其更愿意将资源投入于趋利用途,追逐商业利益的最大化。

最后,本研究发现,相比于仅有环境伦理却缺乏战略柔性的企业,兼顾环境伦理和战略柔性的企业对制度压力的响应更加积极。在环保技术创新的实施阶段,相比于秉承单一利他主义商业逻辑而仅具有环境伦理的企业,秉承利己和利他主义相混合的商业逻辑的企业具有较高的环境伦理和较高的战略柔性,这类企业将通过互补性态度和能力的协同,提高环保技术创新效率。因为,环境伦理决定资源配置方向,战略柔性决定资源配置的效率。(Zhou et al.,2010;任耀等,2014)在具有环境伦理的前提下,高等战略柔性的企业可以更高的效率将现有资源配置到环保技术创新活动中去,提高对动态环境的适应力。具有更高环境伦理的企业,更能感知到规制与规范压力对企业环保技术创新的影响。相比于单一逻辑的企业,基于混合逻辑的企业更易将其面临的多重制度压力解释为机会,进而允许这种混合逻辑来指导自己的决定和行为。(Mair et al.,2015)相比于仅具有环境伦理这一态度而缺乏战略柔性这一能力的企业,具有利己和利他主义相均衡的商业逻辑的企业,具有更加协同的能力和态度。能力和态度的内部协同有助于提高目标实现的效率(陈力田,2014;陈力田,2012;Guan et al.,2003),为顺从制度压力降低了时间成本。基于新古典经济学理论,时间成本的降低将有效提高企业环保技术创新行为的动力。(Suchman,1995;迟楠,2013)

7.1.3 多重制度压力对我国制造企业环保技术创新的作用机理

本研究基于多案例对比,发现样本企业的环保技术创新行为在第二阶段均比第一阶段有了很大提升。合法性选择策略是造成这一现象的近因,也是我国情境下多重制度压力对制造企业环保技术创新的作用机理。其本质是企业基于自身基础(战略柔性和环境伦理),对多重制度压力做出响应后选择的应对策略。选择回避型合法性选择策略的企业,消极应对环保压力,导致了低等的环保技术创新。选择顺从型合法性选择策略甚至操纵型合法性选择策略的企业,更加积极地对环保压力做出了应对,有助于企业环保技术创新行为的增强。造成这一结果的根本原因是本土资源、制度和文化多种情境因素的共同作用。

基于本土文化情境中利己和利他的混合逻辑,企业在行动前评估比较的成本和收益,不仅包括经济方面,还包含环境方面。当顺从制度压力进行环保技术创新的收益大于成本时,企业更愿意选择顺从型合法性选择策略进行环保技术创新,而非回避型合法性选择策略。环保技术创新需要企业进行资源重置,而路径依赖是发展中国家企业难以改变已有资源配置来实现内部协调的重要原因。(Lin et al.,2011)但本土情境中的制度支持能帮助企业有效克服这一困难。(汪涛等,2014;Bagur et al.,2013 ;Özen et al.,2009)

第一,由于环保技术创新的公共商品特性,转型经济中的政府会通过政策支持、惩罚措施等方式支持和合法化环保这种利他行为。(Yang et al.,2015;Özen et al.,2009)发展中国家的政府通过发布低息贷款、低税率和经济补贴等技术信息和经济支持的方式,帮助企业搜寻和选择适合的技术,减少环保技术创新所需的成本和降低不确定性,提高本土企业吸收新技术时重新配置资源和能力的效率,增加本土企业参与环保技术创新所得的经济收益。越追求利他的企业,对环保压力的感知越敏锐,且对来自政府的外部赞扬的正反馈需求越高。(Petrenko et al.,2016)规制压力越高,意味着企业若不顺从规制压力,就会受到更多污染惩罚;相反,企业若顺从规制压力,就会得到更多奖励。(Hansen,2012)若企业的环保技术创新超过环境需求,并且具有较强的政府协商能力时,进行同制度压力方向一致的操纵型合法性选择策略,可以加强资源投入的主动性,领先对手了解和引导制度环境的变化,因此进行该策略比简单地顺从更有助于环保技术创新。

第二,随着转型经济中公众对环境保护的日益重视,企业需重视商业伦理和利他主义商业逻辑,关注社会和环境问题,以创造新市场和国际竞争优势。(Yang et al.,2015)规范压力越高,意味着企业越顺从规范压力,越会获得更高的市场正向反馈。(Kam et al.,2013)来自客户、竞争者等市场组成的规范压力将有助于企业理解质量标准、市场分割和分配制度,从而帮助本土企业构建市场知识,促进本土企业的环保技术创新行为。对目标市场的更好理解将促进环保导向资源的配置,提高战略柔性作用,使企业更有效地选择绿色产品类型和目标分割市场,提高企业环保技术创新活动的经济收益。

7.2 理论贡献

本研究针对研究缺口,结合制度压力这一外部压力视角,战略柔性这一内部能力视角,环境伦理这一内部态度视角,考察了企业环保技术创新的驱动因素和情境因素,对制度理论、动态能力观等领域具有一定的理论价值。

7.2.1 对于制度理论本身的贡献:我国制度情境下刺激组织异构的制度压力类型

多来源的多重制度压力是我国制度情境的重要特征,但制度理论难以解释在同样的制度环境下的企业异构现象。已有研究中,对于造成企业异构行为程度差异的制度压力类型差异,尚有研究缺口。本研究通过数理实证和探索性案例两种方法,对三种制度压力(规制压力、规范压力,以及规制与规范压力的交互)对环保技术创新的异质性影响进行比较,发现在我国制度情境下,互补和互动型制度压力对企业环保技术创新具有最强的作用,其次是来自市场的规范压力,再次是来自政府的规制压力。这一发现填补了造成企业异构行为程度差异的制度压力类型差异不明的研究缺口,对于制度理论本身具有贡献。

7.2.2 对于制度理论和动态能力理论融合贡献:我国制度情境和资源情境交融下组织异构的动态能力基础

同一制度环境下的组织异构行为还受企业内部权变因素的影响,这就需要对制度理论和其他理论的融合进行研究,但现有研究在理论融合方面存在不足。(朱庆华,2012;武春友等,2014;李怡娜等,2013)对于处于转型期的中国本土企业而言,资源缺乏是其面临的重要情境。传统的资源基础观难以深入解决这一问题,根据环境变化灵活调度有限资源的能力是问题解决的关键。因此,动态能力对制度压力和环保技术创新间的关系有着重要影响。因为外部环境的快速变化,政府和市场对企业环保技术创新的要求正在不断增强,若企业缺乏战略柔性,则会难以应对制度压力,而选择回避甚至反抗型合法性选择策略,阻碍环保技术创新。但是,对于战略柔性和环保技术创新间关系的研究尚存缺口。

针对研究缺口,本研究融合制度理论和动态能力观,基于数理实证研究和探索性案例研究,发现战略柔性越强,企业越容易被规范压力刺激而进行环保技术创新。该发现不仅拓展了制度压力和企业环保技术创新间关系的权变因素研究,增进了对处于同一制度环境中企业异构原因的理解,还有助于更深入地解释我国制度和资源情境交融下组织变革的本质。

7.2.3　对于制度理论和商业伦理理论融合贡献:我国制度、资源和文化情境交融下组织异构的混合逻辑

我国制造企业面临的情境不仅包含制度压力复杂性和资源缺乏性,还有文化多样性。(Peng et al.,2000)利己和利他价值观交融于企业行为决策中。为响应不断增强的环保压力,制造企业应如何均衡利己和利他主义逻辑,进行主动的环保技术创新呢?针对这一问题,已有研究存在不足。已有研究多基于高阶理论和资源基础观,考虑管理认知、高管意愿等反映"利他"主义商业逻辑的态度类因素和冗余资源等反映"利己"主义商业逻辑的资源类因素,缺乏将高阶理论和动态能力观整合、对态度类和能力类因素进行综合对比考虑进行的研究。(Colwell et al.,2013;Bansal et al.,2014)本研究整合了内、外部视角(制度理论、动态能力和商业伦理理论),通过识别促进环保技术创新的混合商业逻辑,解释了我国制度、资源和文化情境交融下组织异构的深层认知原因,具有理论意义。

基于探索性案例分析,本研究发现在我国,制造企业进行环保技术创新往往是基于利己和利他相混合的逻辑,这种混合逻辑比单一逻辑更有效。战略柔性本身并不会直接促进环保技术创新,但会通过补充环境伦理,对企业环保技术创新起到促进作用。这一发现响应了 Battilana et al.(2015)和 Yang et al.(2015)关于未来研究可结合本土情境资源不足的特点,考虑以更小成本来均衡混合的商业逻辑,进行有助于利他的创新的呼吁。一方面,本书部分肯定了已有研究发现的战略柔性的作用。前人研究认为,战略柔性可克服发展中国家情境中企业在进行环保技术创新时面临的资源和能力不足的困难(Yang et al.,2015),帮助企业以更小的成本快速主动地应对越来越强的环保压力。另一方面,本研究认为,Yang et al.(2015)等研究高估了战略柔性的作用。由于战略柔性的多用途及环境伦理对资源分配导向的影响,战略柔性的作用都是基于环境伦理基础上的,而非直接对企业环保技术创新起作用。该发现调和了最近的制度逻辑观点与早期制度理论观点的不一致:过去几年中,现有制度理论的研究过于强调制度逻辑的冲突,以主导逻辑为准,而忽略了组织商业逻辑组合和重组的生成潜力。(Mair et al.,2015)本研究发现,相比于单一商业逻辑,

混合商业逻辑为企业减少了约束,带来了更多的资源、能力和未来发展的可能性,促进了创新行为。

7.3 现实意义

本研究立足于我国制造业“节能、降耗、降低污染”的转型背景,研究了政府和市场协同驱动对制造企业环保技术创新水平提高的影响,有助于政府和企业制订和市场协同驱动企业环保技术创新的有效措施,优化制度环境和企业决策。针对我国情境中的制度复杂性、资源缺乏性和文化交融性,本研究具有三方面的现实意义。

7.3.1 我国制度情境下营造驱动制造企业环保技术创新的制度环境优化建议

本研究发现,对企业环保技术创新而言,相比于由政府单方面产生的单一的规制型制度压力,由政府和市场协同产生的规制与规范互补和互动型的制度压力更为重要。究其原因在于两方面:一是环保法律和企业感知到的政府规制压力间存在差距;二是企业认为顺从市场规范压力可从市场得到的“成本-收益比”要大于顺从政府规制压力可从政府得到的“成本-收益比”。

因此,在政府和市场关系转变的背景下,政府政策的方向应为两方面。

第一,促进规制压力。即在法律执行上,亟须通过进一步规范法律执行来缩小环保法律和企业感知到的规制压力之间的差距。

第二,促进规制压力与规范压力保持优势互补和良性互动。优势互补是为了短期内防止出现“政府失灵”和“市场失灵”现象。良性互动是为了长期实现政府和市场协同发展的良性循环。我国制度的多元性意味着不同制度压力下的企业可能会有不同的响应机制。(Battilana et al.,2015;Jamali et al.,2011)有观点认为,在发展中国家的快速发展区域,政府会容忍一些有失利他的行为,以获得短期利益,获取国际竞争优势。(Yang et al.,2015)另一种观点认为,处于转型期的发展中国家的政府会关注企业的利他创造行为,鼓励其关注社会和环境问题,以创造新市场和国际竞争优势。(Jamali et al.,2011)这些研究出现争论的一个重要原因是对于市场的考虑较少。实际上,政府和市场的优势互补和良性互动式协同可以有效刺激本土制造企业进行环保技术创新。加强行业协会建设、促进环保企业和传统制造企业长期深度合作、引导传播媒体的作用,有助于形成政府和市场范围内的相容且彼此增强的多重制度压力。

7.3.2　我国文化情境下培育利己利他相融商业逻辑的制度环境优化及企业管理建议

本研究发现,为实现环保技术创新,一条有效的组织优化路径是“环境伦理→环境伦理和战略柔性的交互”。

在制度环境上,社会总体的思想意识应从只重视经济绩效转向经济和社会绩效并重。为均衡经济和生态的关系,我国已经推出了一些支持环保行为的政策来提高企业的利益(Lin et al.,2011;潘楚林等,2016),但政府还需将环境利益上升到环境管理,体现秩序和效率的均衡,并提高环保规制的执行力(王干等,2016),此时可考虑进行制度合法绑定授权,如义务性的政府产业协议、政府信息项目和基金等(Yang et al.,2015)。本研究发现,企业对不断增强的规制压力的响应机制,仍是一种更侧重环境伦理的利他实现机制。

从企业管理角度来看,需有阶段地进行组织重构。第一,在环保技术创新引发阶段,需培育环境伦理,从伦理道德的高度确定资源配置的环保导向。第二,在环保技术创新实施阶段,转型经济情境中的企业常面临资源和能力不足的情况,故需通过战略柔性帮助企业将有限资源重置于新行为中,拓展资源利用范围,提高资源利用效率。并且,要通过环境伦理这一态度层因素和战略柔性这一能力层因素的共同作用,提高企业环保技术创新的效率。

7.3.3 我国资源情境下多重制度压力对制造企业环保技术创新的作用机理

资源约束是我国制造企业进行环保技术创新遇到的重要阻碍。为了解决这一问题,需要政府和企业两方面的共同努力。

首先,从政府角度来看,环保补贴是现今常用的方法,但是难以激发企业自身能力的增强以获得长期竞争优势。因此,企业需要采取一些增进市场化的手段。如传统制造企业和环保行业企业的良性互动合作需要被激发。从长期来看,先进环保技术的合作研发有助于降低直接购买国外设备所带来的高昂成本。因此,政府可进一步提供这种技术引进和合作的机会。另外,行业协会可帮助企业之间协调纠纷、担保信誉、整合资源,这些将有助于企业之间市场化的健康可持续合作,摆脱对政府补贴的过度依赖。

其次,从企业管理角度来看,企业自身需要具备三方面的意识,并付诸努力。第一,资源角度。企业需要努力利用支持性政策,如技术支持、市场支持和程序便利。第二,战略角度。要将环保融入战略层面进行考虑。互补和互动型环保压力的形成已成趋势,因此,基于驱动市场理论,企业若先行于市场,针对市场可能的变化趋势采取主动战略,将有助于比竞争对手更快地引导、满足客户需求,获取可持续竞争优势。第三,能力角度。本研究发现,相比于低战略柔性的企业,具有高等战略柔性的企业更倾向于进行环保技术创新。因此,为了实现环保技术创新,企业需要加强战略柔性,并注重对资源柔性和协调柔性的培育积累,从而保证环保战略的实施。

7.4 研究局限与未来研究展望

第一,本研究在抽样范围、问卷数量等方面都存在一定程度上的缺憾,未来研究可针对其进行进一步完善,适当扩大抽样的范围和数量。第二,本书在细分行业上做得还不够细致,未来研究可根据环境污染轻重的程度将产业划分为重度污染、中度污染和轻度污染产业,进一步进行比较研究。第三,本书将环保技术创新视为一个整体,在模型中未将其区分为环保产品创新和环保工艺创新两个变量,未来可进一步进行细化研究。

参考文献

[1] 陈国权，李赞斌，2002.学习型组织中的“学习主体”类型与案例研究[J].管理科学学报，5(4)：51-60.

[2] 陈力田，2014.企业技术创新能力演化研究述评与展望：共演和协同视角的整合[J].管理评论，26(11)：76-87.

[3] 陈力田，2012.企业技术创新能力演进规律研究[D].杭州：浙江大学.

[4] 陈力田，2015.企业技术创新能力对环境适应性重构的实证研究——基于376家高技术企业的证据[J].科研管理，36(8)：1-9.

[5] 陈力田，吴志岩，2014.战略转型背景下企业创新能力重构的二元机理：信雅达1996—2012年纵向案例研究[J].科研管理，(2)：1-9.

[6] 程中海，2013.绿洲经济增长与生态环境研究关系——基于新疆贸易视角的实证研究与理论框架[D].石河子：石河子大学.

[7] 程鹏，柳卸林，陈傲，等，2011.基础研究与中国产业技术追赶——以高铁产业为案例[J].管理评论，23(12)：46-55.

[8] 迟楠，2013.先动型绿色战略选择与企业绩效关系的研究[D].上海：上海交通大学安泰经济与管理学院.

[9] 杜辉，2013.论制度逻辑框架下环境治理模式之转换[J].法商研究，(3)：69-76.

[10] 樊继达，2014.更好发挥政府作用的理论思考——学习习近平总书记关于“政府与市场关系”的重要论述[J].经济研究参考，(24)：5-9.

[11] 方化雷，2011.中国经济增长与环境污染之间的关系——环境库茨涅茨假说的产权制度变迁解释[D].济南：山东大学.

[12] 缑倩雯，蔡宁，2015.制度复杂性与企业环境战略选择：基于制度逻

辑视角的解读[J]. 经济社会体制比较,(1):131-138.
[13] 黄宗盛,聂佳佳,胡培,2013. 制造商应对再制造商进入的技术创新策略[J]. 管理评论,25(7):78-87.
[14] 胡卫,2006. 论技术创新的市场失灵及其政策含义[J]. 自然辩证法研究,22(10):63-67.
[15] 陆夜政,2014. 环保产业与经济增长的关联关系与效率关系[D]. 大连:东北财经大学.
[16] 李巧华,唐明凤,2014. 企业绿色创新:市场导向抑或政策导向[J]. 财经科学,(2):70-78.
[17] 李巧华,2014. 生产型企业绿色创新:影响因素及绩效相关[D]. 成都:西南财经大学.
[18] 路江涌,何文龙,王铁民,等,2014. 外部压力、自我认知与企业标准化环境管理体系[J]. 经济科学,(1):114-125.
[19] 李怡娜,叶飞,2011. 制度压力、绿色环保创新实践与企业绩效关系——基于新制度主义理论和生态现代化理论视角[J]. 科学学研究,29(12):1884-1894.
[20] 李怡娜,叶飞,2013. 高层管理支持、环保创新实践与企业绩效:资源承诺的调节作用[J]. 管理评论,(1):120-127.
[21] 李大元,孙妍,杨广,2015. 企业环境效益、能源效率与经济绩效关系研究[J]. 管理评论,27(5):29-37.
[22] 刘振,崔连广,杨俊,等,2015. 制度逻辑、合法性机制与社会企业成长[J]. 管理学报,(4):565-575.
[23] 马中红,2014. 商业逻辑与青年亚文化[J]. 青年研究,(2):60-96.
[24] 潘楚林,田虹,2016. 利益相关者压力、企业环境伦理与前瞻型环境战略[J]. 管理科学,29(3):38-48.
[25] 裴云龙,江旭,刘衡,2013. 战略柔性、原始性创新与企业竞争力——组织合法性的调节作用[J]. 科学学研究,31(3):446-455.
[26] 任耀,牛冲槐,牛彤,等,2014. 绿色创新效率的理论模型与实证研究[J]. 管理世界,30(7):176-177.
[27] 盛国军,2007. 环境伦理与经济社会发展关系研究[D]. 青岛:中国海洋大学.

[28] 宋铁波,曾萍,2011.多重制度压力与企业合法性倾向选择:一个理论模型[J].软科学,(4):112-116.

[29] 苏中锋,谢恩,李垣,2007.资源管理:企业竞争优势与价值创造的源泉[J].管理评论,19(6):31-36.

[30] 魏江,邬爱其,彭雪蓉,2014.中国战略管理研究:情境问题与理论前沿[J].管理世界,(12):167-171.

[31] 文建东,李欲晓,2004.市场经济与利他主义、利己主义的界限[J].中国软科学,(2):44-50.

[32] 王海明,2011.利他主义与利己主义辨析[J].河南师范大学学报,(1):19-26.

[33] 王书斌,徐盈,2015.环境规制与雾霾脱钩效应-基于企业投资偏好的视角[J].中国工业经济,(4):18-30.

[34] 武春友,陈兴红,匡海波,2014.基于 Rough-DEMATEL 的企业绿色增长模式影响因素识别[J].管理评论,26(8):74-81.

[35] 王干,段理达,2016.我国环境利益消极保护语境下的环境管理优化研究[J].管理世界,32(1):176-177.

[36] 汪涛,王铵,2014. 中国钢铁企业商业模式绿色转型探析[J].管理世界, 30(10):180-181.

[37] 夏若江,2007.网络外部性条件下系统创新的市场失灵和第三方的介入[J].科研管理,28(3):26-30.

[38] 许庆瑞,吴志岩,陈力田,2013.转型经济中企业自主创新能力演化路径及驱动因素分析[J].管理世界,(4):64-77.

[39] 许庆瑞,陈力田,吴志岩,2012.战略可调性提升产品创新能力的机理[J].科学学研究,30(8):1253-1262.

[40] 徐淑英,张志学,2011.管理问题与理论建立:开展中国本土管理研究的策略[J].重庆大学学报(社会科学版), 17(4):1-7.

[41] 项保华,张建东,2005.SWOT 的缺陷[J].企业管理,(1):44-47.

[42] 杨光勇,计国君,2011.构建基于三重底线的绿色供应链:欧盟与美国的环境规制比较[J].中国工业经济,(2):120-130.

[43] 杨东宁,周长辉,2005.企业自愿采用标准化环境管理体系的驱动力[J].管理世界,21(2):85-95.

[44] 张钢，张小军，2011. 国外绿色创新研究脉络梳理与展望[J]. 外国经济与管理，33(8)：25-32.

[45] 张玉林，2010. 环境抗争的中国经验[J]. 检视当下中国环境社会学，(24)：66-68.

[46] 张艳磊，秦芳，吴昱，2015. “可持续发展”还是“以污染换增长”——基于中国工业企业销售增长模式的分析[J]. 中国工业经济，(2)：89-101.

[47] 朱建峰，2014. 环境规制、绿色技术创新与经济绩效关系研究——基于闭环供应链[D]. 济南：东北大学.

[48] 朱庆华，2012. 基于资源基础观的政府法规推动企业绿色采购实现机理研究[J]. 管理评论，24(10)：143-149.

[49] AMBEC S, COHEN M A, ELGIE S, et al., 2013. The porter hypothesis at 20: can environmental regulation enhance innovation and competitiveness[J]. Review of Environmental Economics and Policy, 7(1):2-22.

[50] ANDRES F E, MARTINEZ S E, MATUTE V J, 2009. Factors affecting corporate environmental strategy in spanish industrial firms [J]. Business Strategy and the Environment, 18(8):500-514.

[51] AGUILERA C J, ARAGÓN J A, HURTADO N E, et al., 2012. The effects of institutional distance and headquarters' financial performance on the generation of environmental standards in multinational companies[J]. Journal of Business Ethics, 105 (4):461-474.

[52] ARORA S, CASON T N, 1999. Do community characteristics influence environmental outcomes? evidence from the toxics release inventory [J]. Southern Economics Journal, 65(4):691-716.

[53] BANSAL P, GAO J, QURESHI I, 2014. The extensiveness of corporate social and environmental commitment across firms over time [J]. Organization Studies, 35(7): 949-966.

[54] BAGUR F L, LLACH J, ALONSO A M, 2013. Is the adoption of environmental practices a strategical decision for small service companies: an empirical approach[J]. Management Decision, 51(1):

41-62.

[55] BATTILANA J, SNGUL M, PACHE A,et al., 2015. Harnessing productive tensions in hybrid organizations: the case of work integration social enterprises[J]. Academy of Management Journal, 58(6): 1658-1685.

[56] BARNEY J, Firm resources and sustained competitive advantage [J]. Journal of management,1991,17(1):99-120.

[57] BARRETO I,PATIENT D L, 2013. Toward a theory of intraorganizational attention based on desirability and feasibility factors. [J]. Strategic Management Journal, 34(6):687-703.

[58] BARTON L D, 1992. Core capabilities and core rigidities[J]. Strategic Management Journal, 111-126.

[59] BENNER M J, RANGANATHAN R, 2013. Offsetting illegitimacy? how pressures from securities analysts influence incumbents in the face of new technologies[J]. Academy of Management Journal, 55(1): 213-233.

[60] BERRONE P, FOSFURI A, GELABERT L,et al., 2013. Necessity as the mother of 'green' inventions: institutional pressures and environmental innovations[J]. Strategic Management Journal,34(8):891-909.

[61] BOCK A J, OPSAHL T, GEORGE G, et al., 2012. The effects of culture and structure on strategic flexibility during business model innovation[J]. Journal of Management Studies, 49 (2):279-305.

[62] BROOKS S, 1997. The distribution of pollution: community characteristics and exposure to air toxics[J]. Journal of Environmental Economics and Management, 32(2):233-250.

[63] BUCHANAN J M, 1990. The domain of constitutional economics [J]. Constitutional Political Economy,1(1):1-18.

[64] BUYSSE K, VERBEKE A, 2003. Proactive environmental strategies: a stakeholder management perspective strategic [J]. Management Journal, 24(5):435-470.

[65] CASTEL P, FRIEDBERG E, 2010. Institutional change as an in-

teractive process: the case of the modernization of the french cancer centers[J]. Organization Science, 21(2):311-330.

[66] CHANG C H, 2011. The influence of corporate environmental ethics on competitive advantage: the mediation role of green innovation[J]. Journal of Business Ethics, 104(3): 361-370.

[67] CHATTERJEE D, GREWAL R, SAMBAMURTHY V, 2002. Shaping up for e-commerce: institutional enablers of the organizational assimilation of web technologies [J]. Management Information Systems Quarterly, 26(2):65-89.

[68] CHILD J, TZAI T, 2005. The dynamic Bet 1%∞Finns environmental strategies and institutional constraints in emerging economies: evidence from China and Taiwan[J]. Journal of Management Studies, 42(1): 95-125.

[69] CHRISTMANN P, 2000. Effects of 'best practices' of environmental management on cost advantage: the role of complementary assets[J]. Academy of Management Journal, 43(4):663-680.

[70] COHEN W M, LEVINTHAL D A, 1990. Absorptive capacity: a new perspective on learning and innovation[J]. Administrative Science Quarterly, 35(1):128-152.

[71] COLWELL S R, JOSHI A W, 2013. Corporate ecological responsiveness: antecedent effects of institutional pressure and top management commitment and their impact on organizational performance[J]. Business Strategy and the Environment. (22):73-91.

[72] CROSSAN M M, APAYDIN M, 2010. A multi-dimensional framework of organizational innovation: a system review of the literature[J]. Journal of Management Studies, 47(6):1154-1191.

[73] CRILLY D, ZOLLO M, HANSEN M T, 2012. Faking it or muddling through? understanding decoupling in response to stakeholder pressures [J]. Academy of Management Journal, 55(6):1429-1448.

[74] CRUZ L B, PEDROZO E A, 2009. Corporate social responsibility and green management [J]. Management Decision, 47 (7):

1174-1199.

[75] DANNEELS E, 2010. Trying to become a different type of company: dynamic capability at smith corona[J]. Strategic Management Journal, 32(1):1-31.

[76] DAUGHERTY P J, RICHEY R G, GENCHEVS E, 2005. Reverse logistics: superior performance through focused resource commitmentsto information technology[J]. Transportation Research Part E: Logistics and Transportation Review, 41(2):77-92.

[77] DAVIS J P, EISENHARDT K M, BINGHAM C B, 2009. Optimal structure, market dynamism, and the strategy of simple rules [J]. Administrative Science Quarterly, 54(4):413-452.

[78] DELMAS M, TOFFEL M W, 2004. Stakeholders and environmental management practices: an institutional framework[J]. Business Strategy and the Environment, 13(4):209-222.

[79] DELMAS M A, TOFFEL M W, 2008. Organizational response to environmental demands: opening the black box[J]. Strategic Management Journal, 29(10):1027-1055.

[80] EIADAT Y, KELLY A, ROCHE F, et al., 2008. Green and competitive? an empirical test of the mediating role of environmental innovation strategy[J]. Journal of World Business, 43(2):131-145.

[81] EISENHARDT K M, MARTIN J A, 2000. Dynamic capabilities: what are they? [J]. Strategic Management Journal, 21(10-11): 1105-1121.

[82] ELKINGTON J, 1998. Partnerships from cannibals with forks: the triple iottom line of 21st-century business[J]. Environmental Quality Managemen, 8(1):37-51.

[83] ELKINGTON J, 1994. Towards the sustainable corporation: win-win business strategies for sustainable development[J]. California Management Review, 36(2):90-100.

[84] EISENHARDT K M, 1989. Making fast strategic decisions in high-velocity environments[J]. Academy of Management Journal, 32

(3): 543-576.

[85] FORTUNE A, MITCHELL W, 2012. Unpacking firm exit at the firm and industry levels: the adaptation and selection of firm capabilities[J]. Strategy Management Journal, 33(7):794-819.

[86] GARROD G D, WILLIS K G, 1997. The non-use benefits of enhancing forest biodiversity:a contingent ranking study[J]. Ecological Economics, 21(1):45-61.

[87] GUAN J, MA N, 2003. Innovation capability and export performance of chinese firms[J]. Technnovation, 23(9):737-747.

[88] LEFEVRE D, MINAS H J, MINAS M, et al., 1997. Review of gross community production, primary production, net community production and dark community respiration in the gulf of lions [J]. Deep Sea Research Part Ⅱ Topical Studies in Oceanography, 44(3-4):801-819.

[89] HAFSI T, TIAN Z, 2005. Towards a theory of large scale institutional change:the transformation of the Chinese electricity industry [J]. Long Range Planning, 38(6):555-577.

[90] HANSEN E N, THOMSON D W, 2012. Institutional pressures and an evolving forest carbon market[J]. Business Strategy and the Environment, 21(6):351-369.

[91] HART S L, 1995. A natural-resource-based view of the firm [J]. Academy of Managernent Review,20(20):986-1014.

[92] HART S L, DOWELL G A, 2011. Natural-resource-based view of the firm: fifteen years after[J]. Journal of Management, 37(5): 1464-1479.

[93] LING Y, ESTHER L, 2014. Environmental practice and performance of Chinese exporter firms : how does environmental knowledge integration matter? [J]. Quaternary International,7(2):1-9.

[94] HELFAT C E, WINTER S G, 2011. Untangling dynamic and operational capabilities: strategy for the (n)ever-changing world[J]. Strategic Management Journal, 32(1): 1243-1250.

[95] HENRIQUES I,SADORSKY P, 1999. The Relationship between environmental commitment and managerial perceptions of stakeholder importance[J]. Academy of Management Journal, 42(1):87-99.

[96] HERMANN P, NADKARNI S, 2013. Managing strategic change: the duality of CEO personality [J]. Strategic Management Journal, 35 (9):1318-1342.

[97] HODGKINSON G P, HEALY M P, 2011. Psychological foundations of dynamic capabilities: reflexion and reflection in strategic management [J]. Strategic Management Journal, 32(13): 1500-1516.

[98] HORBACH J,RAMMER C,RENNINGS K,2012. Determinants of eco-innovations by type of environmental impact: the role of regulatory push/pull, technology push and market pull[J]. Ecological Economics, 78(32):112-122.

[99] HU M C, 2012. Technological innovation capabilities in the thin film transistor-liquid crystal display industries of Japan, Korea, and Taiwan[J]. Research Policy, 41(3):541-555.

[100] BHUTTA K S, HUQ F, 1999. Benchmarking-best practices: an integrated approach[J]. Benchmarking,6(3):254-268.

[101] JAFFE A B, NEWELL R G,STAVINS R N,2005. A tale of two market failures:technology and environmental policy[J]. Ecological Economics,54(2-3):164-174.

[102] JAMALI D, NEVILLE B, 2011. Convergence versus divergence of csr in developing countries: an embedded multi-layered institutional lens[J]. Journal of Business Ethics, 102 (4):599-621.

[103] JENNINGS P D,ZANDBERGEN P A. 1995. Ecologically sustainable organzations: an institutional approach[J]. Academy of Management Review, 20(4):1015-1052.

[104] JONSSON S,REGNER P, 2009. Normative barriers to imitation: social complexity of core competences in a mutual fund industry [J]. Startegic Management Journal, 30(5):517-536.

[105] KÜBLE R J E,JOHNSTON A M,RAVEN J A. 1999. The effects of

reduced and elevated CO_2 and O_2 on the seaweed lomentaria articulata [J]. Plant Cell and Environment,22(10):1303-1310.

[106] JUDGE W Q, ELENKOV D, 2005. Organizational capacity for change and environmental performance: an empirical assessment of bulgarian firms[J]. Journal of Business Research, 58(7): 893-901.

[107] KAMMERER D, 2009. The effects of customer benefit and regulation on environmental product innovation: empirical evidence from appliance manufacturers in Germany[J]. Ecological Economics, 68(8-9): 2285-2295.

[108] KARIM S, WILLIAMS C, 2012. Structural knowledge: how executive experience with structural composition affects intrafirm mobility and unit reconfiguration [J]. Strategic Management Journal, 33(5): 681-709.

[109] KATHURIA V, 2007. Informal regulation of pollution in a developing country: evidance from India [J]. Ecological Economics, 2007, 63(2-3): 403-417.

[110] KING B G, 2008. A political mediation model of corporate response to social movement activism[J]. Administrative Science Quarterly, 53(3):395-421.

[111] KLASSEN R D, MCLAUGHLIN C P, 1996. The impact of environmental management on firm performance[J]. Management Science, 42(8):1199-1214.

[112] KOCABASOGLU C, PRAHINSKI C, KLASSEN R D, 2007. Linking forward and reverse supply chain investments; the role of business uncertainty[J]. Journal of Operations Management, 25(6):1141-1160.

[113] LAMPE M, ELLIS S R, DRUMMOND C K, 1991. What companies are doing to meet environmental protection responsibilities: balancing legal, ethical, and profit concerns[J]. Proceedings of the International Association for Business and Society, 527-537.

[114] LANE P J, KOKA B R, PATHAK S, 2006. The reification of absorptive capacity: a critical review and rejuvenation of the construct [J]. The Academy of Management Review, 31 (4): 833-863.

[115] LAVIE D, 2006. Capability reconfiguration: an analysis of incumbent responses to technological change[J]. Academy of Management Review,31(1):153-174.

[116] LEONARD-BARTON D, 1990 . The intraorganizational environment: Point-to-point versus diffusion[J]. Technology Transfer : A Communication Perspective, 43-62.

[117] LICHTENTHALER U, 2009. Absorptive capacity, environmental turbulence, and the complementarily of organizational learning process [J]. Academy of Management Journal, 52(4):822-845.

[118] LIN C Y, HO Y H, 2011. Determinants of green practice adoption for logistics companies in China [J]. Journal of Business Ethics, 98(1): 67-83.

[119] LUCHS M G, NAYLOR R W, IRWIN J R, et al. , 2010. The sustainability liability: potential negative effects of ethicality on product reference[J]. Journal of Marketing, 74 (5):18-31.

[120] LYLES M A, FLYNN B B, FROHLICH M T, 2008. All supply chains don't flow through: understanding supply chain issues in product recalls[J]. Management and Organization Review, 4(2):167-182.

[121] MAGALI A D, MICHAEL W T, 2008. Organizational responses to environmental demands: opening the black box[J]. Strategic Management Journal,29(10):1027-1055.

[122] MAIR J,MEYER J,LUTZ E, 2015. Navigating institutional plurality: organizational governance inhybrid organizations[J]. Organization Studies, 36(6):713-739.

[123] MALIK O R, KOTABE M, 2009. Dynamic capabilities, government policies, and performance in firms from emerging economies: evidence from India and Pakistan[J]. Journal of Management Studies, 46(3):

421-450.

[124] MANGA M, HORNBACH M J, FRIANT A L, et al. ,2012. Heat flow in the lesser antilles island arc and adjacent back arc Grenada basin[J]. Geochemistry Geophysics Geosystems, 13(8):105-119.

[125] MARGOLIS M S,1989. Markets or governments: choosing between imperfect alternatives[J]. American Political Science Association,83(3):1-8.

[126] MATHEWS J A, 2002. Competitive advantages of the latecomer firm: a resource-based account of industrial catch-up strategies [J]. Asia Pacific Journal of Management, 19(4):467-488.

[127] MILES R E,SNOW C C,MEYER A D,et al. , 1978. Organizational strategy, structure, and process[J]. Academy of Management Review, 3(3):546-562.

[128] MICKWITZ P, HYVATTINENH, KIVIMAA P, 2008. The role of policy instruments in the innovation and diffusion of environmentally friendlier technologies: popular claims versus case study experiences [J]. Journal of Cleaner Production, 16(1):162-170.

[129] MONTEALEGRE R, 2002. A process model of capability development: lessons from the electronic commerce strategy at Bolsa de Valores de Guayaquil [J]. Organization science, 13(5):514-531.

[130] CETIN F, BOUCHER H, BOUSSAFIR M,et al. , 2014. The response of the peruvian upwelling ecosystem to centennial-scale global change during the last two millennia[J]. Climate of the Past, 10(5):715-731.

[131] NEHRT C, 1996. Timing andintensity effects of environmental investments[J]. Strategic Management Journal, 17(7):535-547.

[132] OLIVER C, 1997. Sustainable competitive advantage: combining institutional and resource-based views[J]. Strategic Management Journal, 18(9):697-713.

[133] ÖZEN S, KÜSKÜ F, 2009. Corporate environmental citizenship variation in developing countries: an institutional framework[J].

Journal of Business Ethics, 89(2):297-313.

[134] PARMIGIANI A, 2009. Complementarity, capabilities, and the boundaries of the firm: the impact of within-firm and interfirm expertise on concurrent sourcing of complementary components[J]. Strategic Management Journal, 30(10): 1065-1091.

[135] PEDERSEN E R G, NEERGAARD P,PEDERSEN J T, et al. , 2013. Conformance and deviance: company responses to institutional pressures for corporate social responsibility reporting[J]. Business Strategy and the Environment, 22(6):357-373.

[136] PETERAF M, STEFANO G, VERONA G, 2013. The elephant in the room of dynamic capabilities: bringing two diverging conversations together[J]. Strategic Management Journal,34(12):1389-1410.

[137] PETRENKO O V, AIME F, RIDGE J, et al. , 2016. Corporate social responsibility or CEO narcissism? CSR motivations and organizational performance[J]. Strategic Management Journal, 37(2):262-279.

[138] PENG M W, LUO Y, 2000. Managerial ties and firm performance in a transition economy: the nature of a micro-macro link[J]. Academy of Management Journal, 43(3):486-501.

[139] PORTER M E, VANDER L C, 1996. Toward a new conception of the environment-competitiveness relationship[J]. Journal of Economic Perspectives, 9(4):97-118.

[140] PORTER M E, 1996. What is a strategy? [M]. Harvard Business Review, 74(6):61-78.

[141] PULLER S L, 2006. The strategic use of innovation to influence regulatory standards[J]. Journal of Environmental Economics and Management, 52(3):690-706.

[142] RAMUS C A,STEGER U, 2000. The roles of supervisory support behaviors and environmental policy in employee "ecoinitiatives" at leading-edge European companies[J]. Academy of Management Journal,43(4):605-626.

[143] RENNINGS K, RAMMER C, 2011. The impact of regulation-driven environmental innovation on innovation success and firm performance [J]. Industry and Innovation, 18(3):255-283.

[144] REINHARDT F L,1999. Bringing the environment down to earth[J]. Harvard Business Review, 77(4):149-157.

[145] RITA G M, MACMILLAN I C, VENKATARAMAN S, 1995. Defining and developing competence: a strategic process paradigm [J]. Strategic Management Joural, 16(4):251-275.

[146] RUSSO M V, FOUTS P A, 1997. Resource-based perspective on corporate environmental performance and profitability [J]. Academy of Management Journal, 40(3):534-559.

[147] SANCHEZ R, 1995. Strategic flexibility in product competition [J]. Strategic Management Journal, 20(3):135-159.

[148] SCHERE F M, ROSS D, 1984. Industrial market structure and economic performance[M].

[149] SCOTT D J, JOESEPH C O, DANKWA R T, 2008. Understanding strategic responses to interest group pressures[J]. Strategic Management Journal, 29(9):963-984.

[150] SCHREYO G, KLIESCH-EBERL M, 2007. How dynamic can organizational capabilities be? towards a dual-process model of capability dynamization [J]. Strategic Management Journal, 28(9): 913-933.

[151] SEGERSON K, MICELI T J, 1998. Voluntary environmental agreements: good or bad news for environmental protection? [J]. Journal of Environmental Economics and Management,36(2):109-130.

[152] SHAEMA S, HENRIQUE I, 2005. Stakeholder influences on sustainability practices in the Canadian forest products industry [J]. Strategic Management Journal, 26(2):159-180.

[153] SHARMA S,VREDENBURG H,1998. Proactive corporate environmental strategy and the development of competitively valuable organizational capabilities[J]. Strategic Management Journal,

19(8):729-753.

[154] STANLEY K, SING W, 2013. Environmental requirements, knowledge sharing and green innovation: empirical evidence from the electronics industry in China[J]. Business Strategy and the Environment, 22 (5):321-338.

[155] SUCHMAN M C, 1995. Managing legitimacy: strategic and institutional approaches[J]. Academy of Management Review, 20(3):571-610.

[156] TAN J, WANG L, 2011. MNC strategic responses to ethical pressure: an institutional logic perspective[J]. Journal of Business Ethics, 98 (3): 373-390.

[157] TAYLOR M, RUBIN E S, NEMET G F, 2006. The role of technological innovation in meeting California's greenhouse gas emission targets[J]. Uc Berkeley.

[158] TEECE D J, PISANO G, SHUEN A, 1997. Dynamic capabilities and strategic management [J]. Strategic Management Journal, 18 (7): 509-533.

[159] TEECE D J, 2007. Explicating dynamic capabilities: the nature and micro foundations of (sustainable) enterprise performance [J]. Strategic Management Journal, 28(13): 1319-1350.

[160] VOLBERDA H W, FOSS N J, LYLES M A, 2010. Absorbing the concept of absorptive capacity: how to realize its potential in the organization field[J]. Organization Science, 21(4):931-951.

[161] WAGNER M, 2008. Empirical influence of environmental management on innovation: evidence from europe[J]. Ecological Economics, 66(2-3):392-402.

[162] WATANABE C, SALMADOR P M, 2014. Technology strategy and technology policy[J]. Technovation, 34(12):731-733.

[163] WELFORD R, GOULDSON A, 1993. Environmental management and business strategy[J]. Environmental Management and Business Strategy.

[164] WERNER B, CHRISTIAN D, 2013. Environmental innovations

and strategies for the development of new production technologies: empirical evidence from Europe[J]. Business Strategy and the Environment, 22(8):501-516.

[165] YAN A, GRAY B, 1995. Bargaining power, management control and performance in U. S. -Chinese joint ventures: a comparative case study [J]. Academy of Management Journal. 37(6): 1478-1517.

[166] YANG J J, ZHANG F, JIANG X, et al., 2015. Strategic flexibility, green management, and firm competitiveness in an emerging economy [J]. Technological Forecasting and Social Change, 101(1):347-356.

[167] YIN R K, 2003. A review of case study research: design and methods [M]. Thousand Oaks Ca: Sage Publications.

[168] ZHOU K Z, WU F, 2010. Technological capability, strategic flexibility, and product innovation[J]. Strategic Management Journal, 31 (5): 547-561.

附录　访谈提纲

ND 电源有限公司访谈提纲

一、成长历史:公司的“阶段”

1.公司从 1994 年创立至今,您认为从战略上可分为哪几个发展阶段?每个阶段的核心产品和技术是什么?

2.从传统电池产品到铅碳电池(储能行业)、启停电池(新能源汽车行业)、高温电池(通信行业)的转型过程分别是怎样的?为什么要转型?

3.在各阶段,公司面临的最大困难是什么,请问成功解决的经验是什么?

二、高管认知:公司的“初心”

1.您怎样看待“我是谁”这个问题?公司的“初心”有无随着时间演化?如何均衡“社会责任”和“经济利益”?

2.请问公司何时开始关注环保产品的?有何标志事件,当时是受何启发?

3.在公司发展各阶段,行业的格局和生态体系有何变化?政府、媒体、客户、竞争者等分别是如何塑造这个环境的?如何应对他们相冲突的要求?

4.请您回顾一下,公司发展的各阶段分别面临过哪些机会和威胁?

5.公司高管层是如何决策公司发展方向的?上市之后有无变化?

6. 在做决策时，高管团队比较偏好根据以往的经验预测未来，还是根据最近的绩效反馈来纠偏，抑或在动荡环境中坚守原则？上市之后有无变化？

7. 高管们的决策风格有哪些不同点，如何调和矛盾呢？请举例说明。

三、能力基础：公司的“根基”

1. 请问公司核心技术发展的时间阶段、动机、技术源和过程分别如何？

2. 在核心技术升级的各个阶段，企业战略、组织结构、组织流程和制度、技术研发、市场营销等各方面的能力经历了怎样的转变，如何转变？

3. 在发展各阶段，公司选择了哪些合作伙伴，如何管理技术、市场等多重竞合关系？和政府、国企、民企、高校科研院所的合作具体情况如何？

4. 在竞争激烈的环境中，公司区别于竞争者的特色来源是什么？

5. 铅回收事业部建立的时间、契机和现状如何？

四、战略方向：公司的“跨越”

1. 当前公司遇到的问题是什么？

2. 公司今后的战略发展重点是什么？为什么？

ZD 水业有限公司访谈提纲

一、成长历史：公司的“阶段”

1. 公司从 2002 年创立至今，您认为从战略上可分为哪几个发展阶段？各阶段的核心产品和技术是什么？

2. 公司是从 2006 年开始定位农村市场的吗？那在此之前市场定位如何，为何进行转向？

3. 在各阶段，公司面临的最大困难是什么，请问成功解决的经验是什么？

二、高管认知:公司的“初心”

1. 您怎样看待“我是谁”这个问题? 公司的“初心”有无随着时间演化? 如何均衡“社会责任”和“经济利益”?

2. 您认为作为校办企业,与其他国有、民营企业相比分别有何优势和挑战?

3. 在公司发展的各阶段,水处理行业的格局和生态体系有何变化? 在各个阶段,政府、媒体、客户、竞争者等分别是如何塑造这个环境的? 如何应对来自不同利益相关者相冲突的要求?

4. 请您回顾一下,公司发展的各阶段分别面临过哪些机会和威胁?

5. 公司高管层是如何决策公司发展方向的? 高管团队偏好根据以往经验预测未来,还是根据绩效反馈来纠偏,抑或在动荡环境中坚守原则?

6. 高管们的决策风格有哪些不同点,如何调和矛盾呢? 请举例说明。

三、能力基础:公司的“根基”

1. 请问微动力污水处理技术、智慧环保运维管理技术等公司核心技术发展的时间阶段、动机、技术源和过程分别如何?

2. 在核心技术升级的各个阶段,企业战略、组织结构、组织流程和制度、技术研发、市场营销等各方面的能力经历了怎样的转变,如何转变?

3. 在发展的各个阶段,公司如何管理与合作伙伴的竞合关系?

4. 在竞争激烈的环境中,公司区别于竞争者的特色是什么? 特色的来源是什么? 如何利用我们的特色走得更远?

四、战略方向:公司的“跨越”

1. 当前公司遇到的问题是什么?

2. 公司今后的战略发展重点是什么? 为什么?

ZJSD 铁塔有限公司访谈提纲

一、成长历史:公司的“阶段”

1. 公司从创立至今,您认为从战略上可分为哪几个发展阶段?每个阶段的核心产品和技术是什么?

2. 生产流程的环保转型过程分别是怎样的?为什么要转型?

3. 在各阶段,公司面临的最大困难是什么,请问成功解决的经验是什么?

二、高管认知:公司的“初心”

1. 您怎样看待“我是谁”这个问题?公司的“初心”有无随着时间演化?如何均衡“社会责任”和“经济利益”?

2. 请问公司何时开始关注绿色生产的?有何标志事件,当时是受何启发?

3. 在公司发展各阶段,行业的格局和生态体系有何变化?政府、媒体、客户、竞争者等分别是如何塑造这个环境的?如何应对他们相冲突的要求?

4. 请您回顾一下,公司发展的各阶段分别面临过哪些机会和威胁?

5. 公司高管层是如何决策公司发展方向的?上市之后有无变化?

6. 在做决策时,高管团队比较偏好根据以往的经验预测未来,还是根据最近的绩效反馈来纠偏,抑或在动荡环境中坚守原则?上市之后有无变化?

7. 高管们的决策风格有哪些不同点,如何调和矛盾呢?请举例说明。

三、能力基础:公司的“根基”

1. 请问公司核心技术发展的时间阶段、动机、技术源和过程分别如何?

2. 在核心技术升级的各个阶段,企业战略、组织结构、组织流程和制度、技术研发、市场营销等各方面的能力经历了怎样的转变,如何转变?

3. 在发展各阶段，公司选择了哪些合作伙伴，如何管理技术、市场等多重竞合关系？和政府、国企、民企、高校科研院所的合作具体情况如何？

4. 在竞争激烈的环境中，公司区别于竞争者的特色来源是什么？

5. 作为改制的国有企业，您觉得公司的核心竞争力来源是什么？

五、战略方向：公司的“跨越”

1. 当前公司遇到的问题是什么？

2. 公司今后的战略发展重点是什么？为什么？

FLT 玻璃有限公司访谈提纲

一、成长历史：公司的“阶段”

1. 公司从 1998 年创立至今，您认为从战略上可分为哪几个发展阶段？每个阶段的核心产品和技术是什么？

2. 在各阶段，公司面临的最大困难是什么，请问成功解决的经验是什么？

3. 集团下属七家全资子公司在技术、市场、产品等方面是怎样的关系？

4. 请问公司何时开始关注环保产业，受何启发？从传统玻璃产品到环保产品（光伏玻璃、节能玻璃、环保镜、光伏电站等）的转型过程是怎样的？

二、高管作用：公司的“初心”

1. 公司如何均衡“经济利益”和“社会责任”？

2. 在公司发展各阶段，政府、媒体、客户、竞争者等分别是如何塑造环境的？公司如何应对？国内和国外市场有无差别？

3. 公司高管是根据哪些因素决策公司发展方向的？上市后有无变化？

4. 高管们的决策风格有哪些不同点，如何调和呢？请举例说明。

三、能力基础:公司的根基

1. 请问公司核心技术发展的时间阶段、动机、技术源和过程分别如何?

2. 在核心技术发展的各个阶段,企业战略、组织结构、组织流程和制度、技术研发、市场营销等各方面的能力经历了怎样的转变,如何转变?

3. 在发展各阶段,公司选择了哪些合作伙伴,如何管理技术、市场等多重竞合关系?和政府、国企、民企、高校科研院所的合作具体情况如何?

4. 在竞争激烈的环境中,公司区别于竞争者的特色来源是什么?

5. 有无专门处理排放的部门或设备,运营的时间、契机和现状如何?

四、战略方向:公司的"跨越"

1. 当前公司遇到的问题是什么?

2. 公司今后的战略发展重点是什么?为什么?

3. 希望能够得到政府部门的哪些支持?

WL 电气有限公司访谈提纲

一、成长历史:公司的"阶段"

1. 公司从创立至今,您认为从战略上可分为哪几个发展阶段?每个阶段的核心产品和技术是什么?

2. 从传统电机产品到用于新能源汽车的电机产品的转型过程分别是怎样的?为什么要转型?

3. 在各阶段,公司面临的最大困难是什么,请问成功解决的经验是什么?

二、高管认知:公司的"初心"

1. 您怎样看待"我是谁"这个问题?公司的"初心"有无随着时间演化?如何均衡"社会责任"和"经济利益"?

2.请问公司何时开始关注环保产品和绿色生产的？有何标志事件，当时是受何启发？

3.在公司发展各阶段，行业的格局和生态体系有何变化？政府、媒体、客户、竞争者等分别是如何塑造这个环境的？如何应对他们相冲突的要求？

4.请您回顾一下，公司发展的各阶段分别面临过哪些机会和威胁？

5.公司高管层是如何决策公司发展方向的？上市之后有无变化？

6.在做决策时，高管团队比较偏好根据以往的经验预测未来，还是根据最近的绩效反馈来纠偏，抑或在动荡环境中坚守原则？上市之后有无变化？

7.高管们的决策风格有哪些不同点，如何调和矛盾呢？请举例说明。

三、能力基础：公司的“根基”

1.请问公司核心技术发展的时间阶段、动机、技术源和过程分别如何？

2.在核心技术升级的各个阶段，企业战略、组织结构、组织流程和制度、技术研发、市场营销等各方面的能力经历了怎样的转变，如何转变？

3.在发展各阶段，公司选择了哪些合作伙伴，如何管理技术、市场等多重竞合关系？和政府、国企、民企、高校科研院所的合作具体情况如何？

4.在竞争激烈的环境中，公司区别于竞争者的特色来源是什么？

5.处理生产过程中废料的设备使用情况如何？

四、战略方向：公司的“跨越”

1.当前公司遇到的问题是什么？

2.公司今后的战略发展重点是什么？为什么？

ZJKC 环保科技有限公司访谈提纲

一、成功历史:公司的"阶段"

1. 公司成立至今,您认为从战略上可分为哪几个发展阶段?

2. 在各阶段,公司面临的最大困难是什么,请问成功解决的经验是什么?

二、高管认知:公司的"初心"

1. 您怎样看待"我是谁"这个问题?在由工程转向做产品的过程中,"初心"的内涵有无随着时间演化?如何均衡"社会责任"和"经济利益"?

2. 您在国企任职的经历,在创业守业过程中为您带来怎样的优势和挑战?

3. 在公司发展的各阶段,水处理行业的格局和生态体系有何变化?在各个阶段,政府、媒体、客户、竞争者等分别是如何塑造这个环境的?来自不同利益相关者的要求有没有相冲突的情况?如果有,怎么应对?

4. 请您回顾一下,公司发展的各阶段分别面临过哪些机会和威胁?

5. 公司高管层是如何决策公司发展方向的,上市前后有何变化?

6. 在做决策时,您比较偏好根据以往的经验预测未来,还是根据最近的绩效反馈来纠偏,抑或在动荡的环境中坚守原则?上市前后有何变化?

7. 高管们的决策风格相似吗,有哪些不同点,如何调和矛盾呢?上市前后有何变化?请举例说明。

三、能力基础:公司的"根基"

1. 请问公司核心技术发展的时间阶段、动机、技术源和过程分别如何?

2. 在核心技术升级的各个阶段,企业战略、组织结构、组织流程和制度、技术研发、市场营销等各方面的能力经历了怎样的转变,如何转变?

3. 公司选择了哪些合作伙伴,如何选择合作伙伴,如何管理技术、市场等多方面的竞合关系?其中,和北控水务、首创股份这样体量的国有企业合作,有哪些好处,又要注意哪些问题?

4.在竞争激烈的环境中,公司区别于竞争者的特色是什么?特色的来源是什么?如何利用这些特色走得更远?

四、战略方向:公司的"跨越"

1.当前公司遇到的问题是什么?

2.公司今后的战略发展重点是什么?为什么?